U0735254

茂兰研究·5

中国茂兰哺乳动物

Mammals of Maolan, China

黄乘明　姚正明　**主编**

中 国 科 学 院 动 物 研 究 所
贵州茂兰国家级自然保护区管理局

科 学 出 版 社
北 京

内 容 简 介

贵州茂兰国家级自然保护区属于喀斯特盆地类型，拥有丰富的水资源、喀斯特森林生态系统和动物多样性。本书主要通过红外相机布设的方式获取哺乳动物信息，并结合历史分布和调查，系统总结了保护区哺乳动物多样性的信息，并按照最新的哺乳动物分类体系，详细介绍了各物种的中文名、拉丁名、英文名、识别特征、身体度量、生活习性、分布等信息，可为广大读者了解该保护区，乃至喀斯特盆地生态系统的动物资源提供重要参考。

本书适合于林业主管部门、自然保护区工作人员及科研人员和大学生参考。

图书在版编目（CIP）数据

中国茂兰哺乳动物／黄乘明，姚正明主编. —北京：科学出版社，2019.6
ISBN 978-7-03-061540-4

Ⅰ. ①中… Ⅱ. ①黄… ②姚… Ⅲ. ①哺乳动物纲–荔波县 Ⅳ. ①Q959.808

中国版本图书馆CIP数据核字（2019）第109278号

责任编辑：马　俊　付　聪／责任校对：郑金红／责任印制：肖　兴
封面设计：北京图阅盛世文化传媒有限公司
装帧设计：北京美光设计制版有限公司

科学出版社 出版
北京东黄城根北街16号
邮政编码：100717
http://www.sciencep.com

北京汇瑞嘉合文化发展有限公司 印刷
科学出版社发行　各地新华书店经销
*
2019年6月第 一 版　开本：889×1194 1/16
2019年6月第一次印刷　印张：10 1/2
字数：304 000

定价：168.00元

（如有印装质量问题，我社负责调换）

《中国茂兰哺乳动物》编委会

主编单位

中国科学院动物研究所

贵州茂兰国家级自然保护区管理局

主　编

黄乘明　姚正明

副主编

周岐海　王万海　周　江　李友邦　刘全生　谭成江　吴　毅

编　委

（以姓氏拼音为序）

陈正仁　董幼桓　费仕鹏　付贞仲　韩　艳　黄乘明　兰洪波

李生强　李友邦　柳华富　刘　佳　刘全生　刘绍飞　刘盛锴

陆光琴　蒙惠理　蒙建国　莫家伟　聂　强　覃池萍　覃龙江

谭成江　王万海　吴　毅　吴尚川　熊志斌　杨婷婷　姚　芊

姚雾清　姚正明　余成俊　玉　屏　张雁泉　钟毓婷　周　江

周岐海

序 | Foreword

　　"喀斯特"（Karst）原本是亚得里亚海北岸斯洛文尼亚西部与意大利交界处一高原的名称。该高原分布有碳酸盐岩层，在地表形成洼地、竖井、地下河等典型的地貌特征，位于迪纳拉山脉西北部。19世纪末，自一位奥地利学者使用"喀斯特"一词描述这种类型的地貌之后，遂以"喀斯特"一词命名这种岩溶地貌，在我国喀斯特地貌和岩溶地貌同时使用，基本同义。喀斯特地貌是我国一类重要的地貌类型。我国出露地表的石灰岩面积达130万km²，约占我国陆地面积的13.5%。广西、贵州、重庆、湖北和湖南279个县（自治县）的喀斯特地貌连成一片，是中国面积最大的喀斯特地貌，面积达55万km²。其中又以广西出露的喀斯特地貌面积为大，达12万km²，约占广西全区陆地面积的50.7%。贵州和云南东南部喀斯特地貌分布面积也约占该两省总陆地面积的50%。此外，广东、浙江、江苏及四川盆地和湖北西部山区等地也有大面积的喀斯特地貌分布。因此，研究与保护喀斯特地区的生物多样性十分必要。

　　近代广西、贵州和云南的喀斯特地区人口增长较快，喀斯特地区有1.3亿多人口，平均人口密度高于全国平均人口密度。广西、贵州和云南的喀斯特地区原始植被已经被破坏，野生动物资源及其自然生境也遭到了破坏。近40年来，我国西南喀斯特地区野生动物资源进入保护恢复期。为了保护喀斯特生态系统与生物多样性，1988年，茂兰自然保护区被批准为国家级自然保护区，这也是云贵高原喀斯特地区最早的国家级自然保护区。黔东南-桂西温暖湿润，是我国喀斯特地貌的核心区，是全球生物界的冰期"避难所"，保存了珍稀孑遗动植物。贵州茂兰国家级自然保护区（以下简称：茂兰保护区）包含了喀斯特石山生态系统的3个类型：喀斯特峰丛谷地（漏斗）、峰丛洼地和喀斯特盆地，拥有十分丰富的水资源，良好的水热条件孕育了典型的喀斯特森林生态系统和丰富的动物多样性。毗邻茂兰保护区南侧的广西木论国家级自然保护区的建立，加强了黔东南-桂西喀斯特地貌与生物多样性的保护。经过多年的精心保护，茂兰保护区的植被与生物多样性得以恢复。这一地区除了生物多样性普查之外，有必要开展生物资源的专项调查。该书即是茂兰保护区哺乳动物的专项调查报告。

　　2016年以来，黄乘明教授率领一支由动物学研究人员与保护区管理人员组成的考察队，深入茂兰保护区开展哺乳动物调查。他们通过在野外布设红外相机，结合茂兰哺乳动物的历史分布和调查，全面获取了茂兰保护区哺乳动物的信息，出色地完成了任务，并编写了这本《中国茂兰哺乳动物》。据我所知，该书即便不是我国 11 029 处包括自然保护区在内的各种类型自然保护地中唯一的一本关于一个自然保护区的哺乳动物的专著，也是为数不多的一本。

该专著有如下特点：①回溯了茂兰的哺乳动物研究历史，分析了历史茂兰哺乳动物区系；②通过考察，记录了 97 种哺乳动物，更新了茂兰保护区哺乳动物多样性的信息，并按照最新的哺乳动物分类体系，对茂兰保护区的哺乳动物进行了分类；③该书除标出了茂兰保护区哺乳动物的中文名、拉丁名和英文名之外，还介绍了物种的识别特征、身体度量、生活习性和分布等信息，并为物种配上了精美的生态照片，一些种类还配有研究标本的照片。

茂兰保护区哺乳动物是喀斯特生态系统哺乳动物的典型代表，该书作为一本十分难得的喀斯特地区哺乳动物学领域的专著，它的出版将为喀斯特地区哺乳动物的研究提供基础资料。我有幸在该书付梓之前先睹为快，爱不释手。谨此向主编及参与完成野外考察和写作的参编人员表示祝贺！并谨此向广大野生动物爱好者、野生动物管理人员和读者推荐这本难得的哺乳动物学领域的专著。

蒋志刚

中国科学院动物研究所研究员

中华人民共和国濒危物种科学委员会常务副主任

中国野生动物保护协会副会长

2018 年 9 月 6 日于北京中关村

前 言 | Preface

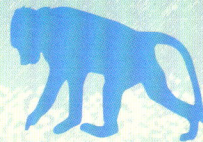

　　茂兰保护区是我国最典型的喀斯特森林生态系统保护区之一，始建于 1986 年，是我国较早的自然保护区之一。茂兰保护区以亚热带喀斯特森林生态系统及其珍稀野生动植物资源为保护对象。

　　喀斯特石山生态系统包括峰丛谷地（漏斗）、峰丛洼地、喀斯特盆地和喀斯特峡谷四种类型，而茂兰保护区包括了其中的三种：峰丛谷地（漏斗）、峰丛洼地和喀斯特盆地。丰富的喀斯特地貌类型造就了茂兰保护区特殊的地质地貌、动植物资源和水文地质。

　　哺乳动物是动物界最高等的类群之一，以胎生和哺乳为进步指标，在进化上得到长足发展，并成为适应环境的高等类群。在茂兰保护区，哺乳动物最为特殊的生境是因喀斯特地貌造成的无数形态多样的洞穴，形成了最具特色的以翼手目为代表的洞穴哺乳动物类群，也是茂兰保护区种类最丰富的哺乳动物类群，共有 27 种，占茂兰保护区哺乳动物种类的 26.7%，其中荔波管鼻蝠是以茂兰保护区所在的荔波县命名的。茂兰保护区复杂的生态环境孕育了丰富的啮齿动物类群，本书记录了茂兰啮齿动物 43 种，约占茂兰保护区哺乳动物种类的 44.3%。此外，本书还记录了茂兰保护区常见的食肉类、有蹄类动物。

　　本书哺乳动物的分类是按照最新的分类体系，其中林跳鼠科改为跳鼠科；鼯鼠科取消，并入松鼠科；竹鼠科改为鼹型鼠科与鼢鼠科合并（蒋志刚等，2015）。

　　《中国茂兰哺乳动物》是在茂兰保护区哺乳动物调查项目的基础上进行的。该项目由贵州茂兰国家级自然保护区管理局（以下简称：茂兰保护区管理局）立项，由来自中国科学院动物研究所、广西师范大学、广州大学、广东省生物资源应用研究所的专家，以及茂兰保护区管理局及其下属三岔河管理站、洞塘管理站、永康管理站、翁昂管理站和坡夜管理站的科研人员和护林员共同参与完成。《中国茂兰哺乳动物》由黄乘明、周岐海、周江、刘全生和李友邦等合作完成。其中，黄乘明负责松鼠科、猪尾鼠科、豪猪科、兔科、鼩鼱科的编写，考察实录的拍摄和编写，并对全书进行校对和统稿。周岐海负责总论、猴科、松鼠科的鼯鼠部分、鲮鲤科的编写。周江负责翼手目的编写。刘全生负责除猪尾鼠科、豪猪科以外的啮齿目的编写。李友邦负责食肉目和偶蹄目的编写。由姚正明等审查通过。书中照片除署名摄影者的照片外，均由本书作者拍摄。感谢中国科学院动物研究所标本馆和西华师范大学标本馆提供标本用于拍摄。

编写《中国茂兰哺乳动物》，不仅仅是对茂兰保护区哺乳动物的归纳总结，更是对以喀斯特石山生态系统为依托的哺乳动物多样性的归纳总结，供同行了解和参考。

编　者

2019 年 5 月 8 日

凡 例 | Explanatory Notes

一、形态数据测量术语及其测量

体重：哺乳动物活体的总重量。

头体长：吻部至肛门的直线长度。

尾长：肛门至尾末端的直线长度。

后足长：脚后跟至最长趾趾端的距离。

耳长：耳廓最下缘基部至耳廓顶端（端毛除外）的距离。

前臂长：肘关节至腕关节的直线长度。

颅全长：头骨最前端（前颌骨最前端、鼻骨最前端或门齿最前端三者之一）至枕骨最后端（"人"字脊中央后突、枕骨最后端或枕髁三者之一）的最大长度。

二、各论部分编写规则

各论部分对物种的介绍按照种名、识别特征、身体度量、生活习性和分布来撰写。具体如下：

种名包括中文名、拉丁名、英文名等信息；

识别特征基本按照由前到后、由上到下、由背部至腹部的顺序描述；

身体度量包括体重、头体长、尾长、后足长、耳长、前臂长、颅全长等信息；

生活习性包括动物的习性、栖息场所、食性等；

分布包括国内的分布、国外的分布、模式产地等信息。

目 录 | Contents

第一章

总 论

一、茂兰保护区概况

茂兰保护区位于贵州黔南布依族苗族自治州荔波县境内（北纬 25°09′20″～25°20′50″，东经 107°52′10″～108°05′40″），南与广西木伦国家级自然保护区毗邻。该保护区始建于1986年，1987年晋升为省级自然保护区，1988年被国务院批准为国家级自然保护区，1996年被联合国教科文组织批准纳入"人与生物圈"保护区网络成员，2007年被收入联合国教科文组织的《世界遗产名录》。茂兰保护区总面积为 21 285hm²，其中核心区8305hm²，缓冲区8130hm²，实验区4850hm²。该保护区属森林生态系统类型，主要保护对象为亚热带喀斯特森林生态系统及其珍稀野生动植物资源，森林覆盖率达88.61%，是地球同纬度地区残存下来的一片面积最大、相对集中、原生性强、相对稳定的喀斯特森林生态系统。

茂兰保护区地处中亚热带季风温润气候区，具有春秋温暖、冬无严寒、夏无酷暑、雨量充沛的中亚热带山地湿润气候特点。年平均气温15.3℃，月平均气温18.3℃，1月平均气温为5.2℃，7月平均气温为23.5℃，≥10℃年活动积温4598.6℃，植物生长期237天。全年平均降水量1752.5mm，集中分布在4～10月，年平均相对湿度83%。茂兰保护区特殊的森林地貌环境，使其气候具有一定的特殊性。气温方面，峰丛洼地4～9月气温随高度增加而升高，10月至翌年3月气温随高度增加而降低，逆温是这种

茂兰保护区喀斯特地貌（熊志斌摄）

喀斯特森林小地形气温垂直分布独具的特点。相对湿度方面，峰丛洼地和漏斗的底部终年阴湿，相对湿度均在90%以上，而山坡的中部和上部相对湿度较低，晴天时极为干燥。降水量一般随海拔升高而增加。光照方面，漏斗底部光照极差，年可照时数只相当于顶部的38.5%，晴天时的光照强度，底部仅为顶部的34.4%。保护区地势西北高东南低，最高海拔1078m，最低海拔430m，平均海拔880m。其中，西部山峰海拔为860～1010m，东部山峰海拔为660～820m，洼地海拔为450～600m，山峰与洼地相对高差为210～410m。

茂兰保护区地处云贵高原向广西丘陵盆地过渡的斜坡地带，在大地构造上隶属于江南台隆西南部的荔波古陷褶断束，处在轴缘坳陷地带。其岩石主要为纯质石灰岩和白云岩，仅个别地点为石英砂岩及石英砂岩夹少量页岩。这种地貌属于裸露型喀斯特，也可称作"典型的喀斯特生境"。保护区内岩石裸露率超过80%，浅薄的土层仅见于洼地和谷底底部，另在斜坡地带的石沟缝中积有零星的土层，为典型的喀斯特森林生境基质。保护区内喀斯特地貌发育十分完全，地貌类型主要有落水洞、漏斗、洼地、槽谷、盲谷和盆地等。根据保护区地貌类型与峰丛的空间分布，可将保护区地貌划分为峰丛谷地（漏斗）、峰丛洼地与喀斯特盆地三个喀斯特地貌组合类型。保护区内主要以峰丛谷地（漏斗）和峰丛洼地为主，而喀斯特盆地仅分布在保护区的局部地区。

茂兰保护区植被处于亚热带常绿阔叶林区、东部（湿润）常绿阔叶林亚区、中亚热带常绿阔叶林带。自然植被除少量藤刺灌丛和灌草丛外，均为发育在喀斯特地貌上的原生性常绿落叶阔叶混交林，是一种非地带性的植被，属于稳定的土壤顶极植物群落。保护区植被区系成分较为复杂，既有温带性质的植物，又有热带性质的植物，主要建群种为圆果化香树（*Platycarya longipes*）、青冈（*Cyclobalanopsis glauca*）、樟叶槭（*Acer cinnamomifolium*）、云贵鹅耳枥（*Carpinus pubescens*）、齿叶黄皮（*Clausena dunniana*）、掌叶木（*Handeliodendron bodinieri*）、圆叶乌桕（*Sapium rotundifolium*）、朴树（*Celtis sinensis*）、香叶树（*Lindera communis*）等。据调查，保护区内有维管植物154科514属1203种（含种下等级，下同），其中蕨类植物11科20属31种，裸子植物6科12属17种，被子植物137科482属1155种。国家Ⅰ级重点保护野生植物有单性木兰（*Kmeria septentrionalis*）、掌叶木、异形玉叶金花（*Mussaenda anomala*）、红豆杉（*Taxus chinensis*）等8种。国家Ⅱ级重点保护野生植物有中国蕨（*Sinopteris grevilleoides*）、篦子三尖杉（*Cephalotaxus oliveri*）、短叶黄杉（*Pseudotsuga brevifolia*）、四药门花（*Tetrathyrium subcordatum*）、翠柏（*Calocedrus macrolepis*）、华南五针松（*Pinus kwangtungensis*）等100余种。

茂兰保护区森林植被保存较好，为野生动物提供了良好的生存和栖息环境。据统计，茂兰保护区有脊椎动物422种，其中鸟类205种，兽类97种，爬行类47种，两栖类34种，鱼类39种；昆虫1342种；蜘蛛144种。国家Ⅰ级重点保护野生动物有豹（*Panthera pardus*）、林麝（*Moschus berezovskii*）、中华

茂兰保护区森林植被和水源（熊志斌摄）

茂兰保护区常绿阔叶林（熊志斌摄）

茂兰保护区虎纹蛙（邓怀庆摄）

茂兰保护区细痣疣螈（邓怀庆摄）

茂兰保护区荔波睑虎（邓怀庆摄）

秋沙鸭（*Mergus squamatus*）、白冠长尾雉（*Syrmaticus reevesii*）、蟒（*Python bivittatus*）5 种。国家 II 级重点保护野生动物有藏酋猴（*Macaca thibetana*）、猕猴（*Macaca mulatta*）、虎纹蛙（*Hoplobatrachus chinensis*）、细痣疣螈（*Tylototriton asperrimus*）、鸳鸯（*Aix galericulata*）等 40 余种。以茂兰地区动物为模式标本或新种的有 150 种。

二、哺乳动物简介

　　哺乳动物又称兽类，为动物界脊索动物门脊椎动物亚门中最高等的一个类群，分类上又称为哺乳纲。其最大的特征是现生种类体表被毛发，在生殖和发育方面所有种类具有胎生和哺乳的结构和功能。此外还有很多进化的特点，如体温恒定；下颌骨愈合成单一的齿骨；口腔中生长着异形齿，既有形态和功能的分化；神经系统高度发达等。

　　胎生和哺乳在动物进化中有着十分重要的意义，是动物成功适应陆地生存的标志。胎生方式为哺乳动物的生存和发展提供了广阔的前景。胎儿在母体内发育时，几乎不受外界环境的干扰，得到母体恒定温度和营养的保障，使得外界对胎儿发育的影响降到最低。胎儿出生后，母亲通过哺乳的方式为其提供营养保证。有了胎生和哺乳的功能，动物后代的成活率就大大提高了。可以说，胎生和哺乳的出现是动物进化史上一个重要的里程碑。

　　哺乳动物最早起源于三叠纪，在两亿多年的发展进程中，哺乳动物成为最高等的类群，分布于世界各地，适应于各种环境（包括森林、草原、荒漠、海洋、湖泊、溪流、农田、村庄和城市），栖息于地面、地下、空中、水里。哺乳动物成为各生态系统中最重要的组成部分。

　　最新研究显示，我国哺乳动物 12 目 55 科 245 属 673 种，是世界上哺乳动物多样性最丰富的国家之一。

三、茂兰哺乳动物研究历史

　　茂兰地区的兽类调查最早可追溯到 1984 年，贵阳师范学院（现为贵州师范大学）生物系谢家骅先生对茂兰喀斯特森林区的兽类进行了两次考查，共采集到 32 号兽类标本。结合对翁昂乡土产收购站和县外贸收购站的皮张进行鉴定，共记录到 34 种兽类，分别隶属于 7 目 17 科 27 属。从 1989 年 9 月开始，在专家的指导下，保护区科研人员利用两年多的时间对保护区内兽类资源开展了系统调查，共记录到 59 种兽类，隶属于 8 目 24 科 41 属。其中，国家 I 级重点保护野生动物 2 种，国家 II 级重点保护野生动物 9 种。2006～2008 年，茂兰保护区管理局在开展保护区公益林调查时，在参考以前保护区相关文献的基础上，对区内药用兽类动物资源进行了相应的调查，并通过采访保护区内有经验的老农、老中医及护林员，调查记录到药用兽类动物 35 种，隶属于 7 目 18 科 30 属。其中，国家 I 级重点保护野生动物 2 种，国家 II 级重点保护野生动物 7 种，国家保护的有益或者有重要经济、科学研究价值的药用兽类动物 17 种。

2016 年，为进一步摸清保护区的本底动物资源现状，茂兰保护区管理局和中国科学院动物研究所就哺乳动物调查达成协议。在茂兰保护区能力建设项目内设立了"贵州茂兰自然保护区哺乳动物资源本底考察"项目，由中国科学院动物研究所黄乘明研究员作为项目负责人，由来自中国科学院动物研究所、广西师范大学、广州大学、广东省生物资源应用研究所的专家与茂兰保护区的科研人员组成联合调查队伍，前后四次对茂兰保护区及其周边区域开展野外调查，通过样线法、红外相机技术、鼠夹法、网捕法，照片和标本室内分类鉴定，同时结合访问法和文献查阅法，共记录到 97 种哺乳动物，隶属于 8 目 27 科。

四、茂兰哺乳动物的组成和区系分析

在茂兰保护区记录到的 97 种哺乳动物中，以啮齿目、翼手目和食肉目的种类居多。其中，啮齿目有 7 科 43 种，约占该保护区哺乳动物总种数的 44.3%；翼手目有 7 科 27 种，约占该保护区哺乳动物总种数的 27.8%；食肉目有 5 科 14 种，约占该保护区哺乳动物总种数的 14.4%。从科的水平上看，种类最多的是鼠科，有 19 种，约占该保护区哺乳动物总种数的 19.6%；其次是松鼠科，有 14 种，约占该保护区哺乳动物总种数的 14.4%；再次为蝙蝠科，有 11 种，约占该保护区哺乳动物总种数的 11.3%；然后菊头蝠科 7 种，约占 7.2%，蹄蝠科、鼩科，各有 5 种，各自约占该保护区哺乳动物总种数的 5.2%；仓鼠科有 4 种，约占该保护区哺乳动物总种数的 4.1%；猫科、灵猫科、鹿科，各有 3 种，各自约占该保护区哺乳动物总种数的 3.1%；猴科、鼹型鼠科、豪猪科、兔科、鼬獾科、犬科，各有 2 种，各自约占该保护区哺乳动物总种数的 2.1%；猪尾鼠科、跳鼠科、狐蝠科、鞘尾蝠科、假吸血蝠科、犬吻蝠科、鲮鲤科、熊科、猪科、麝科、牛科各有 1 种，各自约占该保护区哺乳动物总种数的 1.0%。在所记录的 97 种哺乳动物中，包括国家 I 级重点保护野生动物 2 种：豹、林麝；国家 II 级重点保护野生动物 8 种：猕猴、藏酋猴、穿山甲、小灵猫、金猫、斑灵狸、黑熊、中华鬣羚。根据《中国脊椎动物红色名录》（2016 年），这 97 种哺乳动物中有 3 种为极危物种：林麝、金猫、穿山甲；1 种为濒危物种：豹；12 种为易危物种：藏酋猴、豹猫、小灵猫、黑熊、小鹿、中华鬣羚、复齿鼯鼠、云南菊头蝠、印度假吸血蝠等。

从区系上看，东洋界 76 种，约占保护区哺乳动物总种数的 78.4%；古北界 11 种，约占保护区哺乳动物总种数的 11.3%；广布种 7 种，约占保护区哺乳动物总种数的 7.2%。从分布类型来看，保护区哺乳动物包括 9 种分布型，分别是东洋型（W）、南中国型（S）、古北型（U）、季风区型（E）、喜马拉雅 - 横断山区型（H）、高地型（P）、全北型（C）、云贵型（Y）和广布型（O），其中各分布型占保护区哺乳动物总种数的比例分别为：东洋型（52 种）约占 53.6%；南中国型（20 种）约占 20.6%；古北型（9 种）约占 9.3%；广布型（5 种）约占 5.2%；喜马拉雅 - 横断山区型（4 种）和季风区型（4 种）均占 4.1%；高地型（1 种）、全北型（1 种）和云贵型（1 种）均约占 1.0%。

茂兰保护区喀斯特地貌充分发育，林区内洞穴极为丰富，加之森林茂盛，可为蝙蝠和鼯鼠提供良好的栖息环境。保护区内哺乳动物组成的特点也表现为洞栖和岩栖种类（如翼手目、啮齿目松鼠科等物种）共 41 种，占保护区哺乳动物总种数的 42.3%。

第二章

茂兰哺乳动物种类描述

劳亚食虫目 EULIPOTYPHLA

鼩鼱科 Soricidae

灰麝鼩 *Crocidura attenuata* (Milne-Edwards, 1872)

【英 文 名】Grey Shrew

【识别特征】体型中等。吻尖、嘴须较短硬。尾较长，略短于头体长，尾基1/2处较粗壮，毛稀疏。背毛深灰色，毛尖略呈白色；腹毛淡灰色；四足背覆以白色短毛；尾毛灰色。冬毛较夏毛色淡，全身银灰色。

【身体度量】体重8.5~10g，头体长70~90mm，尾长38~60mm。

【生活习性】栖息于海拔300~1000m的草地和灌丛、山地森林，尤其喜欢在多岩石区域、树丛、灌木丛、草丛中活动。善于游泳。夜行性。夏季多在田坎穴居，窝巢简单，多为稻草或麦秆筑成。秋冬季栖息于各种草垛下。主要以蚯蚓、蠕虫及多种昆虫为食，亦食农作物的种子。

【分　　布】国内分布于江西、西藏、陕西、贵州、安徽、云南、甘肃、湖南、海南、四川、江苏、广东、广西、福建、浙江、湖北和台湾等地，一般栖息于热带和亚热带田野。该物种的模式产地在四川宝兴县。

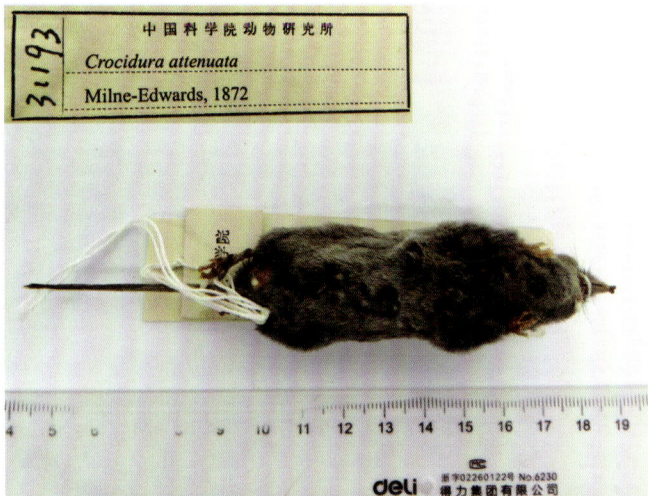

川鼩 *Blarinella quadraticauda* (Milne-Edwards, 1872)

【英 文 名】Asiatic Short-tailed Shrew

【识别特征】吻较钝而短。眼退化。耳壳缺如。前足爪短而钝，略显粗壮。尾极短，具鳞片，光裸无毛，尖端有时具微毛。全身体毛厚而较长；背部呈深灰色或黑棕色；腹面淡灰色，微染淡黄色；两颊长，具一赭色细斑毛色；四足背毛灰黑色，指（趾）、爪均为白色；尾毛黑棕色。

【身体度量】体重70～90g，头体长80～96mm，尾长10～15mm。

【生活习性】主要栖息于农田、灌丛等环境。地下及地面生活。杂食性。终年均可繁殖，每胎3～7仔。

【分　　布】四川优势种。国内主要分布于四川，还分布于重庆、云南、贵州、陕西、甘肃、湖北、广西。

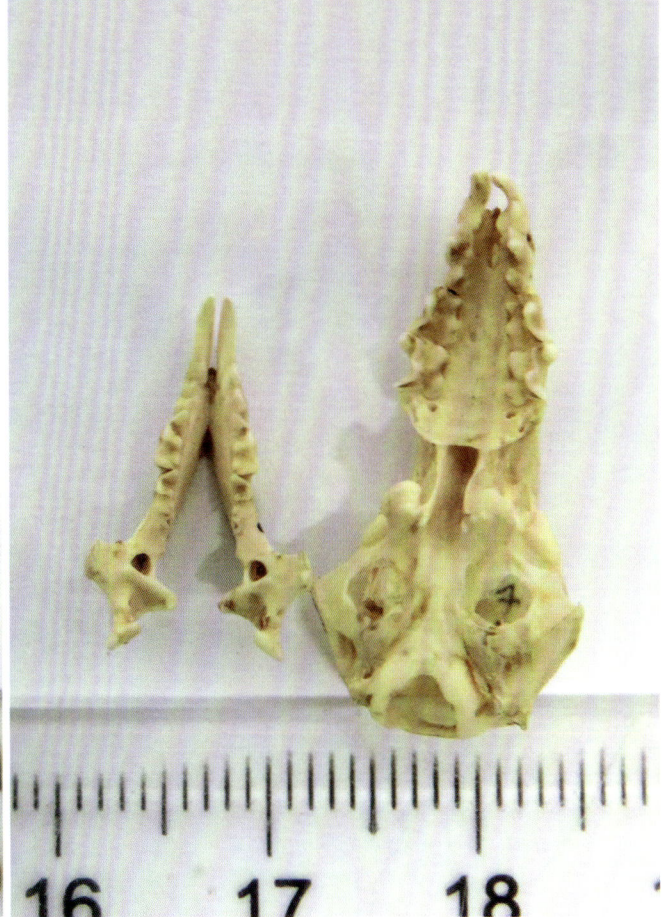

翼手目 CHIROPTERA

狐蝠科 Pteropidae

棕果蝠 *Rousettus leschenaulti* (Desmarest, 1820)

【英 文 名】Leschenault's Rousette

【识别特征】头骨枕部明显地转折向下，左右前颌骨的最前端相接；上颌前臼齿稍退化；下颌前臼齿甚大于门齿；第三下臼齿长为宽的1.5～2倍。躯体较粗壮。吻比较长。眼睛大。耳小，卵圆形，没有耳屏。翼比较短。被毛呈均一的深棕色；颈背和腹面毛色相对较淡，浅灰棕色；背部、臀部暗褐色。

【身体度量】头体长97.62～129.20mm，前臂长72～87mm。

【生活习性】多群居于石灰岩山洞内，生境植被类型为常绿阔叶林。夜行性。多以浆果为食。

【分　　布】较典型的热带蝙蝠。国内分布于贵州、福建、广东、海南、广西、云南。国外分布于孟加拉国、不丹、柬埔寨、印度、印度尼西亚、老挝、马来西亚、缅甸、尼泊尔、巴基斯坦、斯里兰卡、泰国、越南。

21428　中国科学院动物研究所
Rousettus leschenaulti
Desmarest

鞘尾蝠科 Emballonuridae

黑髯墓蝠 *Taphozous melanopogon* Temminck, 1841

【英 文 名】Black-bearded Tomb Bat

【识别特征】耳宽大，呈三角形，耳屏较发达鼻部无鼻叶。翼膜较长，但相对较窄。尾比较长，自股间背面穿出，致使股间膜之后向腹面折转，而成兜袋形。雄性成年个体颏下有黑色髯毛，也有部分个体没有黑色髯毛。

【身体度量】头体长76.30～86.20mm，前臂长64.70～73.80mm，颅全长21.30～22.90mm。

【生活习性】栖息于喀斯特溶洞中，生境植被类型为常绿阔叶林。夜行性。喜在较开阔处觅食，食物包括鞘翅目、鳞翅目等目的多种昆虫。

【分　　布】国内分布于贵州、云南、广东、广西、海南、香港。国外分布于柬埔寨、印度、印度尼西亚、斯里兰卡、马来西亚、泰国、越南、菲律宾等地。

假吸血蝠科 Megadermatidae

印度假吸血蝠 *Megaderma lyra* É. Geoffroy, 1810

【英 文 名】Greater False Vampire

【识别特征】脑颅无前颌骨，"人"字脊发达。双耳椭圆形，耳廓非常大，两耳内缘在额部之上有连接，耳长达31.14～32.23mm，耳屏较发达，为叉状。鼻叶特别发达，于吻部高高竖起，长达12.28mm。无尾。背部毛灰色，较长，较稠密，老年个体毛偏棕色；腹部毛色较浅，毛基部深灰色，毛尖部灰白色；翼膜棕褐色。

【身体度量】体重45～71g，头体长73.06～78.18mm，前臂长64.23～70.49mm，颅全长29.1～31.2mm。

【生活习性】栖息于喀斯特溶洞中。夜行性。捕食两栖类和小型哺乳动物。

【分　　布】国内分布于贵州、四川、云南、重庆、西藏、广东、广西、海南、福建、江西、湖南。模式产地在印度。

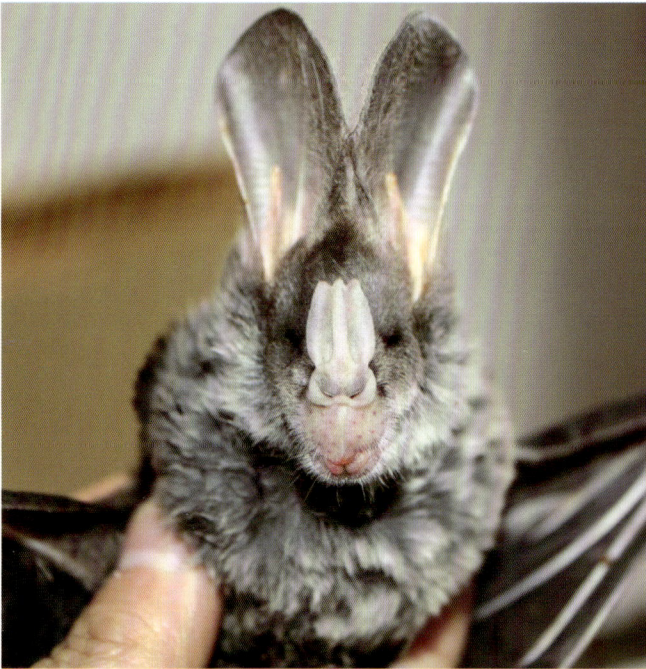

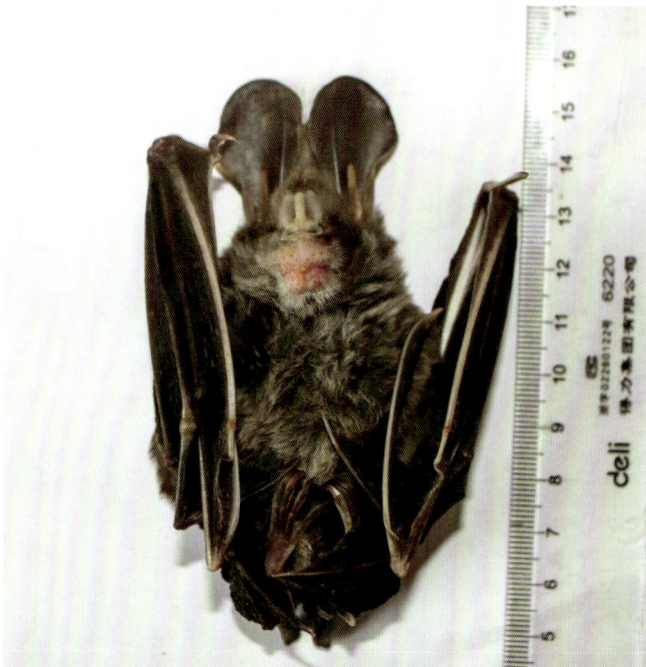

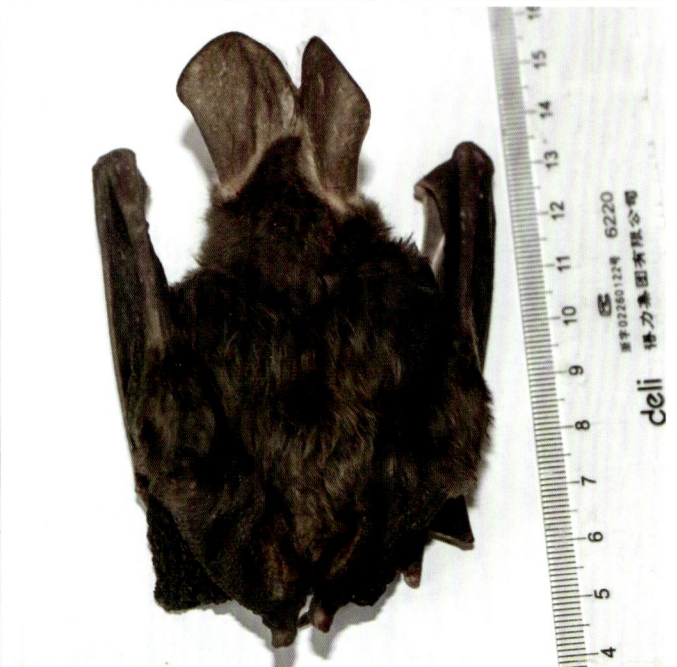

菊头蝠科 Rhinolophidae

皮氏菊头蝠 *Rhinolophus pearsoni* (Horsfield, 1851)

【英 文 名】Pearson's Horseshoe Bat

【识别特征】头骨粗壮，脑颅宽且短，颅宽小于颧宽；颧弓大，颧宽大于后头宽；矢状脊较高。胫长长于尾长，达26.78～28.61mm。背侧长有长而密的毛，暗红色或深棕色；腹部毛色和背部毛色差别很小。

【身体度量】头体长54.04～63.93mm，前臂长52.63～56.25mm，颅全长24.16～25.42mm。

【生活习性】栖息于喀斯特溶洞中，生境植被类型为亚热带季风阔叶林带次生林、人工林等。夜行性。喜在较开阔处觅食，捕食多种昆虫，其中，鞘翅目和鳞翅目昆虫所占比例最大。

【分　　布】国内分布于贵州、四川、西藏、云南、重庆、陕西、安徽、浙江、湖南、湖北、江西、福建、广东、广西、海南。国外分布于印度、缅甸、越南、泰国、马来西亚。

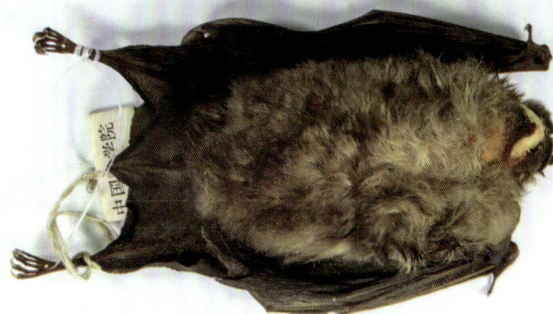

中华菊头蝠 *Rhinolophus sinicus* **(K. Andersen, 1905)**

【英 文 名】Chinese Horseshoe Bat

【识别特征】头骨较大。颅宽小于颧宽。头骨上齿列是腭桥长的3倍。有较小的前中鼻隆，中等发达的后室。较高的矢状脊。吻浅凹，眶上脊较低。鼻叶复杂，有较宽的马蹄叶，两边各有小附叶一片；鞍状叶的侧缘几乎互相平行，顶端圆宽；顶叶上部长且细。翼膜在踵部附着。背部毛的毛基有2/3是淡棕白色，毛尖红棕色；腹部毛为浅棕白色。

【身体度量】头体长36.87～50.78mm，前臂长39.26～47.03mm。

【生活习性】生活在喀斯特溶洞中，群居，可多达几百只。有冬眠习性，在清晨或黄昏觅食昆虫。通常雌性在繁殖期自行成群。

【分　　布】中国特有种。分布于贵州、陕西、云南、重庆、四川、西藏、安徽、江苏、浙江、湖北、广东、广西、福建、海南、香港，主要分布于我国南方。

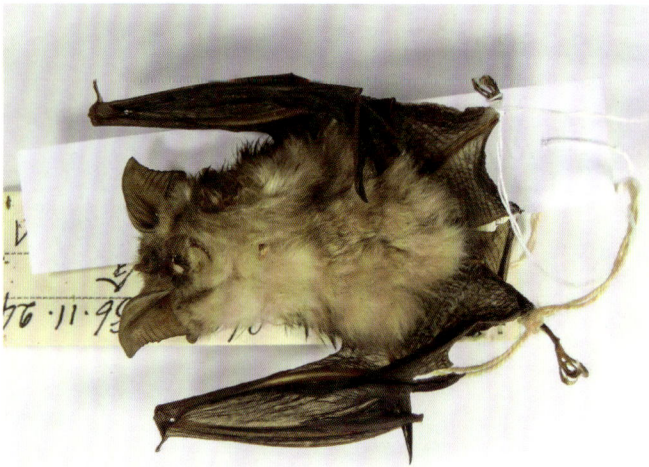

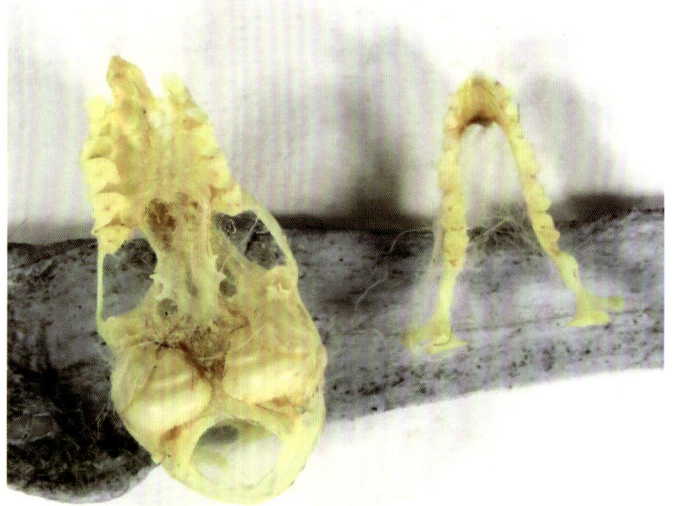

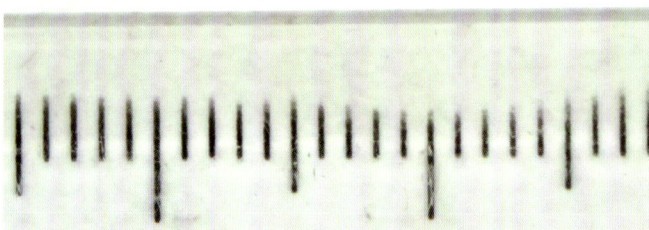

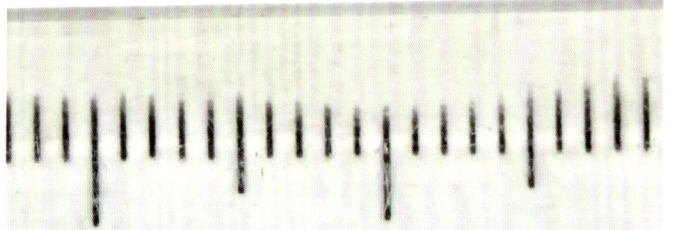

云南菊头蝠 *Rhinolophus yunanensis* (Dobson, 1872)

【英文名】Dobson's Horseshoe Bat

【识别特征】颅宽、乳突宽均小于颧宽。有明显的矢状脊，眶上脊较低。前鼻隆长小于侧鼻隆而大于前鼻隆宽。鼻叶宽阔，整个鼻吻部被马蹄叶覆盖。鞍状叶基部宽，顶部变窄；顶叶近似三角形。耳大，长19.33～24.74mm。体毛密且蓬松；背部毛为灰色或浅棕色；腹部毛色略淡。

【身体度量】头体长为54.75～63.50mm，前臂长54.21～56.53mm，颅全长22.6～25.7mm。

【生活习性】栖息于喀斯特溶洞中。夜行性。在晨昏时飞出洞穴捕食鞘翅目、鳞翅目等目的昆虫。

【分　　布】国内分布于贵州、云南、四川、重庆、广西。国外分布于印度、缅甸、泰国。

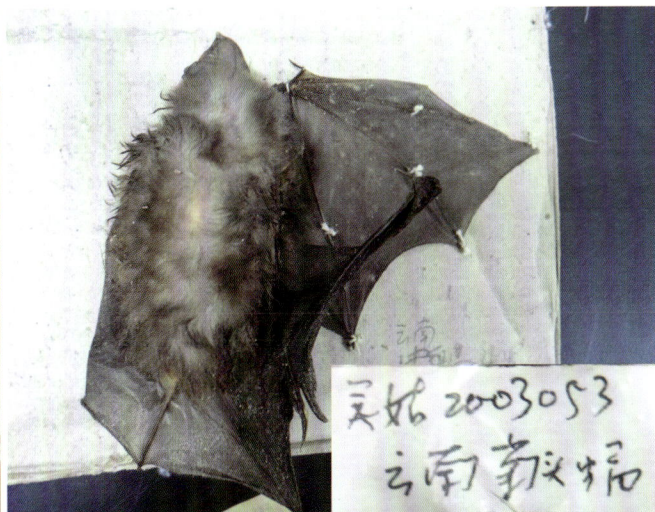

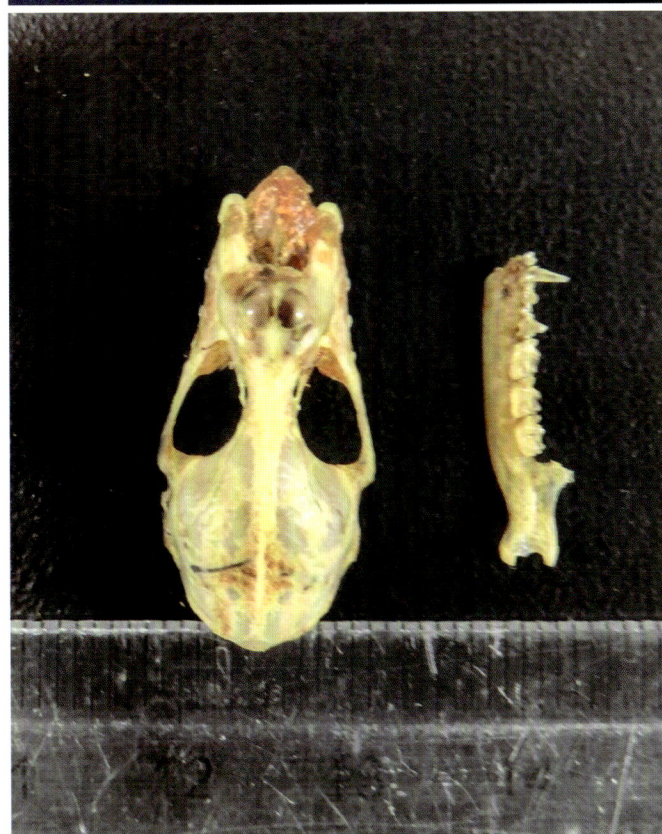

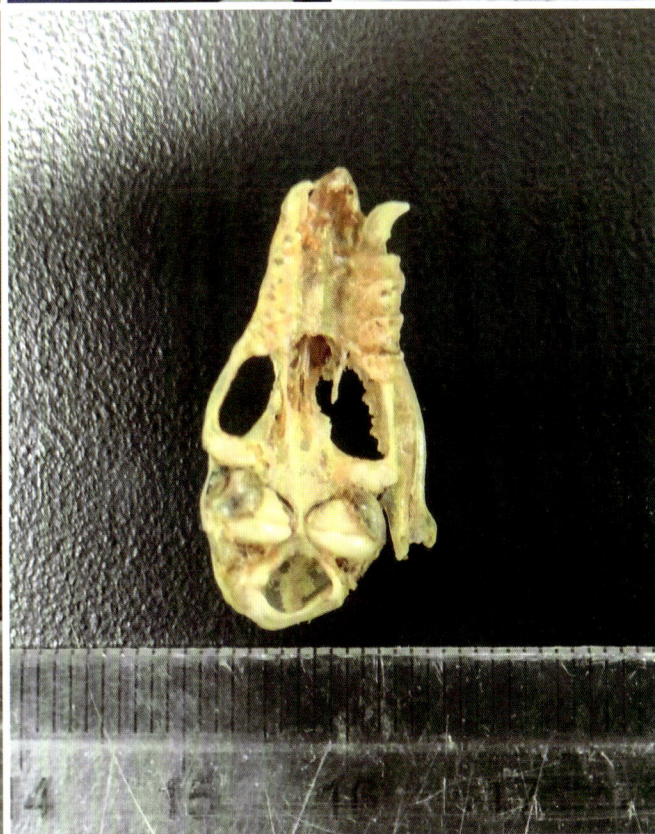

马铁菊头蝠 *Rhinolophus ferrumequinum* (Schreber, 1774)

【英 文 名】Greater Horseshoe Bat

【识别特征】脑颅窄长。后头宽小于颅全长的1/2。颧宽大于颅宽。有发达的矢状脊。吻宽较大。腭桥较长，近于或略大于上齿列长（犬齿到第3上臼齿）的1/3，第2上前臼齿位齿列之外。翼膜可达于踝。背部浅棕褐色或亮灰色，是由于毛尖为深色，毛基为浅褐色所致，通常与季节和年龄有关。

【身体度量】头体长47.33～57.87mm，前臂长54.84～60.42mm，颅全长22.39～22.84mm。

【生活习性】可以适应从热带雨林到温带林地的气候条件，多在喀斯特溶洞或石缝中栖居。常在早晨或黄昏进行觅食活动，主要以甲虫、蛾类为食，也捕食蚊类、螟虫等。

【分　　布】国内分布于贵州、重庆、四川、云南、辽宁、吉林、甘肃、陕西、宁夏、北京、河北、山西、江苏、山东、浙江、上海、安徽、湖北、湖南、河南、福建、广西。国外分布于欧洲、亚洲、非洲等地。

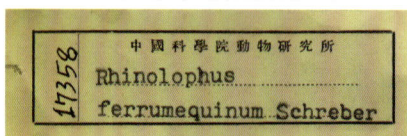

托氏菊头蝠 *Rhinolophus thomasi* (Anderson, 1905)

【英文名】Thomas's Horseshoe Bat

【识别特征】外形大小与中华菊头蝠相近，脑颅相对较窄，低平，眶间宽较窄，2.43～2.80mm，有较短的腭桥，上齿列长是中华菊头蝠的3倍。头马蹄叶6.84～8.07mm。马蹄叶两边各有一片小附叶，颏沟数为3。背部毛暗褐色，由毛尖向毛基颜色变浅；腹部毛浅褐色。

【身体度量】头体长40.90～56.75mm，前臂长39.80～46.50mm，颅全长19.44～20.16mm。

【生活习性】栖息于喀斯特溶洞中。夜行性。捕食鳞翅目、膜翅目、鞘翅目等目的昆虫。

【分　　布】热带、亚热带物种。国内分布于贵州、云南、广西。国外分布于老挝、缅甸。

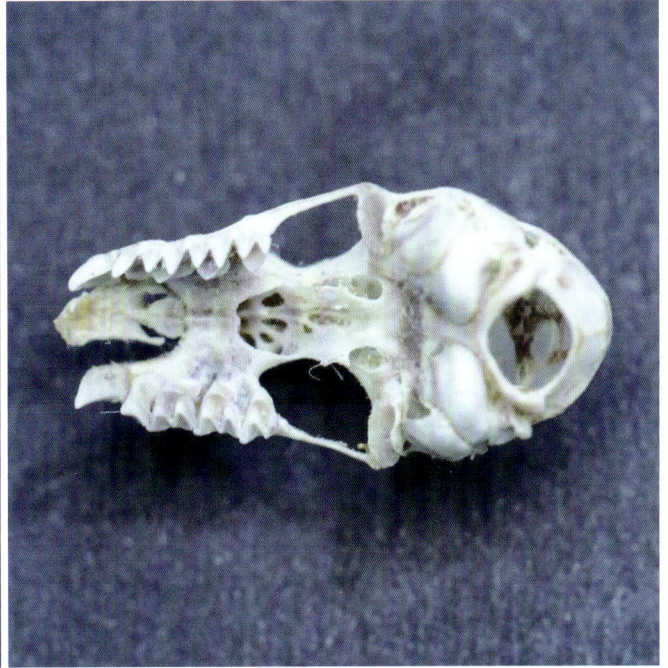

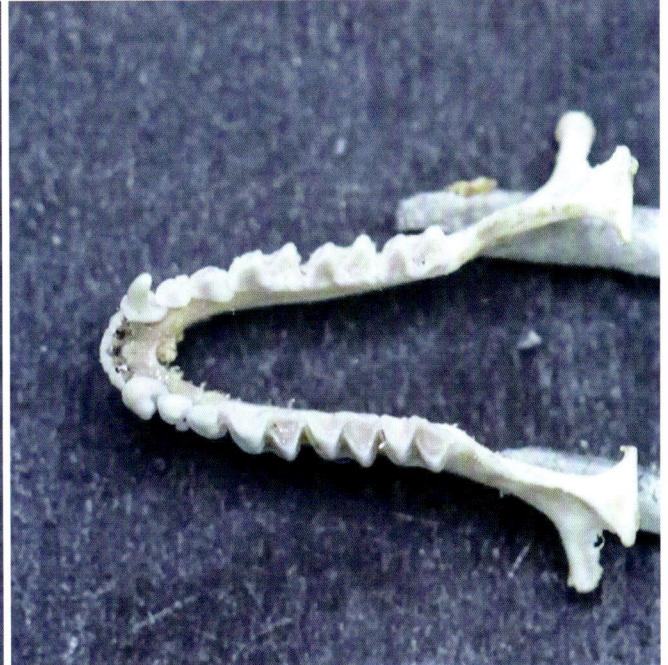

小菊头蝠 *Rhinolophus pusillus* (Temminck, 1834)

【英 文 名】Least Horseshoe Bat

【识别特征】体型大小与角菊头蝠相仿，头骨中有很小的前中鼻隆，较大的后室。有略向后倾斜或平直的吻突，不明显的眶上脊。联接叶延伸接近或高出鞍状叶顶端的水平线，其侧面观呈锐尖形；鞍状叶顶端明显窄于底端，相较于角菊头蝠的鞍状叶较窄。背部毛肉桂棕色或深棕色或烟灰色，灰白色的毛基；腹部毛灰白色或淡褐色。

【身体度量】头体长26.72～41.66mm，前臂长37.04～42.71mm，颅全长16.77～17.13mm。

【生活习性】栖息于喀斯特溶洞中。夜行性。捕食常绿阔叶林中的昆虫。

【分　　布】国内分布于贵州、云南、四川、重庆、西藏、湖北、广东、福建、海南、香港。国外分布于越南北部。

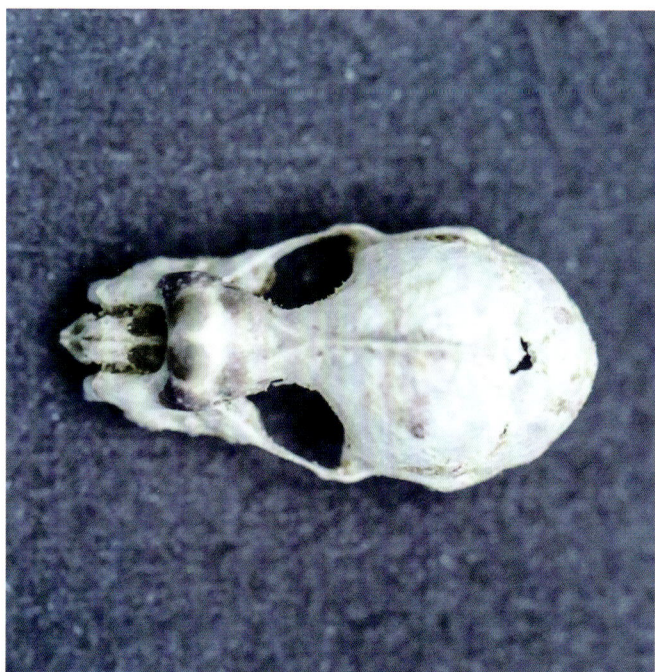

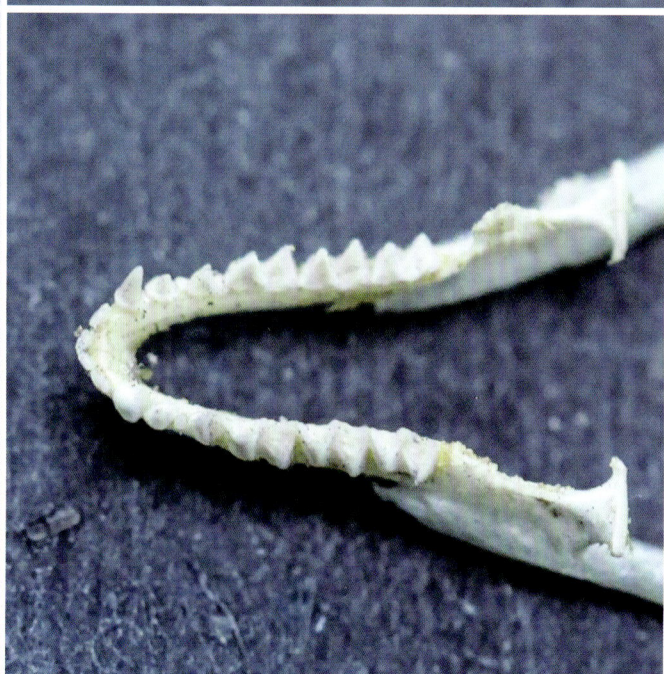

贵州菊头蝠 *Rhinolophus rex* (Allen, 1923)

【英 文 名】King Horseshoe Bat

【识别特征】头骨窄而长，乳突宽大于颧宽。后头宽大于颧宽。听泡较大，听泡长4.23～4.59mm，甚发达。耳巨大，长22.39～29.96mm，宽17.28～20.05mm。联接叶延伸明显低于鞍状叶顶端的水平线，鼻吻部完全被马蹄叶覆盖，中间有一深凹；鞍状叶高8.14～10.41mm，较大，基部两侧扩展成侧翼，鞍状叶基部与鼻孔内缘相连成巨大的杯状叶，顶端为圆形，顶叶被鞍状叶所覆盖，退化。体色为棕褐色，体毛很长。背毛纤细绒密，棕色，背毛基部、腹毛颜色略淡。

【身体度量】头体长44.15～55.29mm，前臂长52.89～56.14mm，颅全长21.50～23.15mm。

【生活习性】栖息于喀斯特溶洞中。夜行性。在晨昏时觅食，捕食鞘翅目、鳞翅目、膜翅目等目的昆虫。

【分　　布】中国特有种。分布于贵州、重庆、四川、云南、广西、广东。

蹄蝠科 Hipposideridae

大蹄蝠 *Hipposideros armiger* (Hodgson, 1835)

【英 文 名】Great Leaf-nosed Bat

【识别特征】体型大。头骨粗壮，有明显的直脊，吻突与矢状脊连接，自前到后有明显的加高。眶间区相对较窄。耳蜗较小，宽度小于两耳蜗间宽；耳廓比较大，耳顶部比较尖，后缘向内凹陷；耳长27.3～33.76mm。鼻叶色黑；前鼻叶中间无缺，两边有4片小附叶，最外面的小附叶退化，但有隆突；鼻叶基部后面的中央位置有额腺。体表被细而密的长毛，毛色包括金黄色、黄褐色、棕褐色、棕色、黑灰色。翼膜都为黑褐色，色差不大。

【身体度量】头体长79.85～95.81mm，前臂长83.04～97.25mm，颅全长30.9～32.63mm。

【生活习性】栖息于喀斯特溶洞中，多大群集聚分布，倒挂在洞顶，分布比较均匀，彼此之间不靠紧，冬季有越冬洞穴。当洞穴温度低于10℃时（大约每年11月），大蹄蝠就会选择去越冬洞穴冬眠。一般在夏季开始时进行繁殖。

【分　　布】国内分布于贵州、重庆、云南、四川、陕西、江西、山东、浙江、安徽、江苏、河南、湖南、广东、广西、福建、海南、台湾、澳门、香港。国外分布于东南亚。

中蹄蝠 *Hipposideros larvatus* **(Horsfield, 1823)**

【英 文 名】Horsfield's Leaf-nosed Bat

【识别特征】头骨有比较窄的眶间区，可以看见眶上脊，但不明显。梨骨向后延伸，大于腭骨的后缘。耳较大，长19.63～24.32mm，耳壳上有8～10条皱褶，平行排列。马蹄叶的中间有缺刻，叶两侧分别有3片并列的小附叶；具有横向的中鼻叶；后鼻叶与两耳之间有额腺，雌性和雄性均有，拨开毛发可以很好辨认。毛色包括灰棕色、近灰褐色，毛基部灰白色。腹面毛黄褐色，毛基部棕灰色。亚成体的翼膜为灰色，成体的翼膜为黑褐色。

【身体度量】头体长58.28～77.86mm，前臂长56.97～60.43mm，颅全长22.97～23.21mm。

【生活习性】喜欢在喀斯特溶洞中居住，在森林和人类居住的地方都可以见到。夜行性。通常在早晨和黄昏的时候出洞觅食，以鞘翅目、鳞翅目、膜翅目等目的昆虫为食。

【分　　布】国内分布于贵州、云南、广东、海南、广西。国外分布于东南亚。

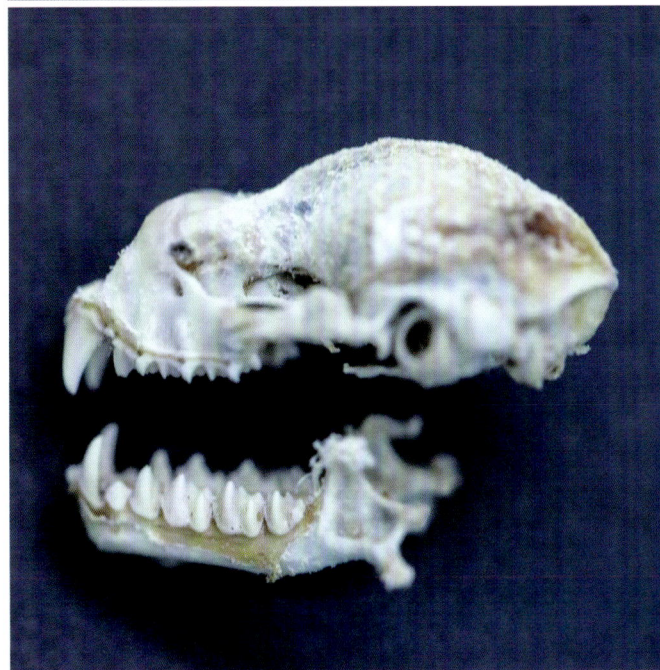

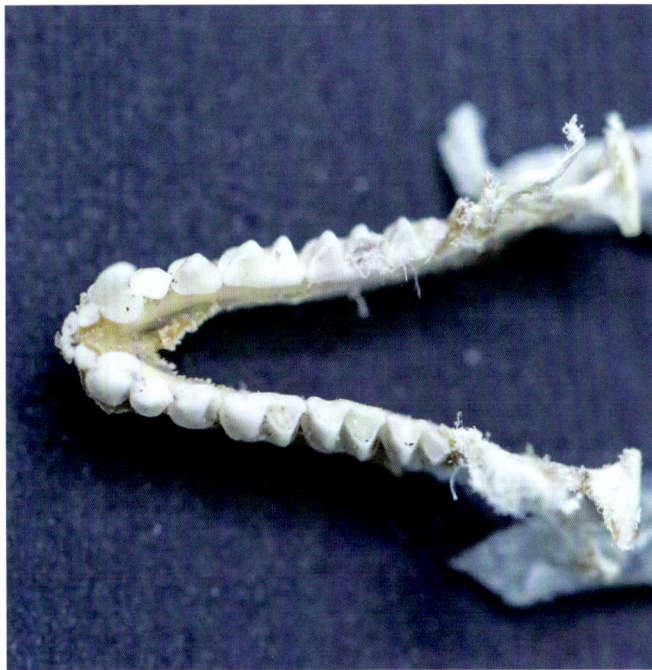

小蹄蝠 *Hipposideros pomona* (Anderson, 1918)

【英 文 名】Anderson's Leaf-nosed Bat

【识别特征】头骨纤细。吻短。眶间区窄。颧弓凸，低而小。有不明显的矢状脊。耳非常大，宽、圆，耳壳前缘微突，后缘凹入；对耳屏小且低，与耳壳相连。尾比较长，长31.71～37.63mm。有相对简单的鼻叶结构，鼻侧边无小附叶，鼻间叶在基部宽，在鼻孔间窄，外侧微隆起与前鼻叶之间形成沟，中央无凹缺。背部毛毛尖浅棕褐色，毛基灰白色；腹部毛浅棕白色，较毛基色略深。幼年个体毛偏暗褐色，老年个体毛偏棕红色。

【身体度量】头体长41.78～45.79mm，前臂长41.05～44.28mm，颅全长17.52～18.73mm。

【生活习性】栖息于热带、亚热带森林，在贵州常见于喀斯特溶洞内。一个群体可以聚集几十到上百只个体。夜行性，一般于黄昏时外出捕食鞘翅目、鳞翅目、膜翅目等目的昆虫。

【分　　布】国内分布于贵州、云南、四川、湖南、海南、福建、广西、广东、香港。国外分布于巴基斯坦、印度、缅甸、泰国、老挝、越南、马来西亚、印度尼西亚苏门答腊岛、加里曼丹岛。

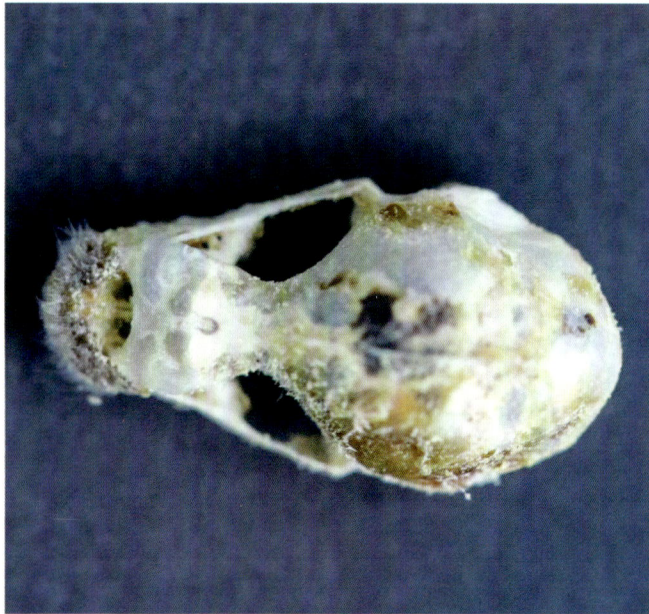

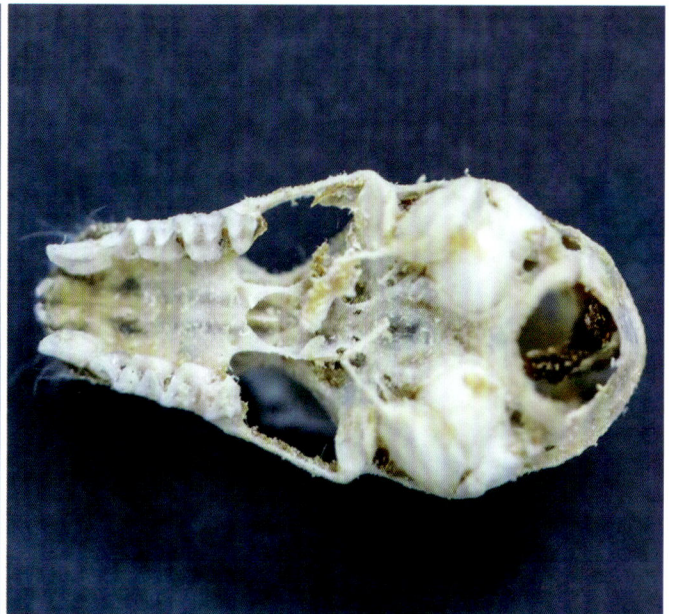

普氏蹄蝠 *Hipposideros pratti* (Thomas, 1891)

【英 文 名】Pratt's Leaf-nosed Bat

【识别特征】与大蹄蝠体型相近。头骨粗壮，有宽大的鼻额区，与齿槽线相平行。有低且宽的耳突。有发达的矢状脊。有宽大的耳壳，后缘微凹。前鼻叶中间有一明显缺刻，但没有侧缺，在其两旁各有小附叶2片；三角形后鼻叶有中央隔，且很明显，皮叶比较发达，在雄性的老年个体尤其发达，呈叶状，是鉴别的明显特征。背部体色有黑褐色型和棕褐色型；腹部体色较淡。

【身体度量】头体长85.76～101.50mm，前臂长80.84～90.72mm，颅全长30.78～32.97mm。

【生活习性】多在喀斯特溶洞内栖息，喜群居，大群数量甚至可达几千只。性情比较凶猛，以大型或中型昆虫为食。

【分　　布】国内分布于贵州、云南、四川、重庆、陕西、江西、安徽、江苏、浙江、湖南、河南、福建、广西。国外分布于缅甸、泰国、越南、马来西亚等地。

三叶蹄蝠 *Aselliscus stoliczkanus* (Dobson, 1871)

【英 文 名】Stoliczka's Asian Trident Bat

【识别特征】脑颅窄且低。吻部较短。有很明显的鼻隆。有发达的矢状脊。颧弓向后延展成为颧弓板。尾突出骨间膜比较多。鼻叶特征明显，包括两条纵沟，分成了3片小叶，中间小叶呈棒状，细长。背部毛尖为黑褐色或棕色，毛基近白色；腹部毛色较淡，为淡棕褐色或者灰褐色。

【身体度量】头体长41.33～47.26mm，前臂长43.18～46.79mm，颅全长15.9～16.21mm。

【生活习性】栖息于喀斯特溶洞内，在适宜的次生林、林带、农业区可见。捕食鞘翅目、鳞翅目、膜翅目、双翅目等目的昆虫。

【分　　布】国内分布于贵州、云南、江西、湖南、广西。国外分布于老挝、马来西亚、缅甸、泰国、越南。

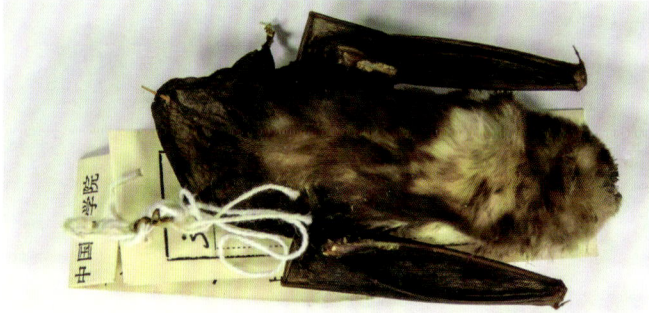

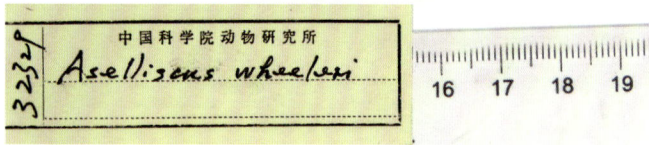

蝙蝠科 Vespertilionidae

西南鼠耳蝠 *Myotis altarium* (Thomas, 1911)

【英 文 名】Szechwan Myotis

【识别特征】体型中等。吻短宽。脑颅有明显凸起。耳较窄，较长，可以伸到吻端，耳长21.52～23.76mm；耳屏较长，较尖。尾长超过头全长的4/5，达46.31～52.78mm。体毛细长且密；背部毛棕褐色，毛基部黑褐色；腹部毛色几乎与背部毛色接近，毛尖略偏灰褐色；胸部毛色较淡。

【身体度量】头体长52.83～61.26mm，前臂长41.32～45.97mm，颅全长14.83～16.57mm。

【生活习性】栖息于喀斯特岩溶洞穴中。夜行性。在常绿阔叶林中捕食鳞翅目、鞘翅目、膜翅目等目的昆虫。

【分　　布】中国特有种。分布于贵州、云南、四川、重庆、湖北、湖南、福建、江西、广西、安徽。

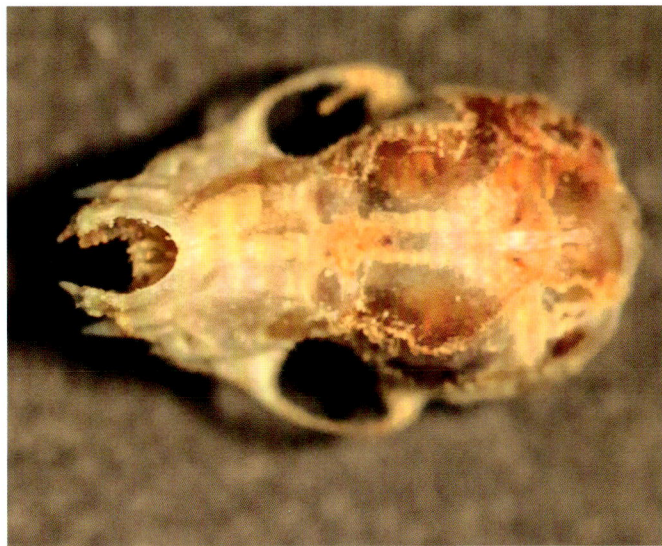

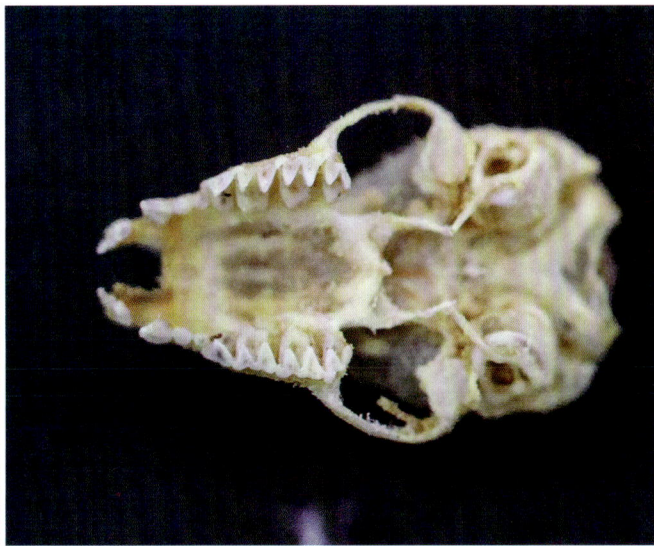

尖耳鼠耳蝠 *Myotis blythii* **(Thomes, 1857)**

【英　文　名】Lesser Mouse-eared Myotis

【识别特征】体型中等。头骨狭长。脑颅低圆。耳窄长，达20.38～23.18mm；耳屏长、细，几乎达耳长一半。翼膜在踝部附着，距细且长，无距缘膜。背部毛黑棕色或灰褐色；腹部毛棕灰色或灰白色，毛尖呈灰色。

【身体度量】头体长60.78～67.72mm，前臂长60.78～67.72mm，颅全长23.48～24.72mm。

【生活习性】栖息于建筑物、山洞、树洞等多种环境。夜行性。捕食鞘翅目、膜翅目、鳞翅目等目的昆虫，可以在地面上捕食昆虫。

【分　　　布】国内分布于贵州、内蒙古、山西、北京、新疆、陕西、广西。国外分布于阿富汗、阿尔巴尼亚、阿尔及利亚、安道尔、安哥拉、亚美尼亚、奥地利、阿塞拜疆、孟加拉国、不丹、波黑、保加利亚、克罗地亚、塞浦路斯、捷克、法国、格鲁吉亚、德国、直布罗陀、希腊克里特岛、梵蒂冈城国、匈牙利、印度、伊朗、伊拉克、以色列、意大利、哈萨克斯坦、吉尔吉斯斯坦、黎巴嫩、利比亚、北马其顿、摩尔多瓦、摩纳哥、蒙古、黑山、摩洛哥、尼泊尔、巴基斯坦、波兰、葡萄牙、罗马尼亚、俄罗斯、圣马力诺、塞尔维亚、斯洛伐克、斯洛文尼亚、西班牙、瑞士、叙利亚、塔吉克斯坦、土耳其、土库曼斯坦、乌克兰。

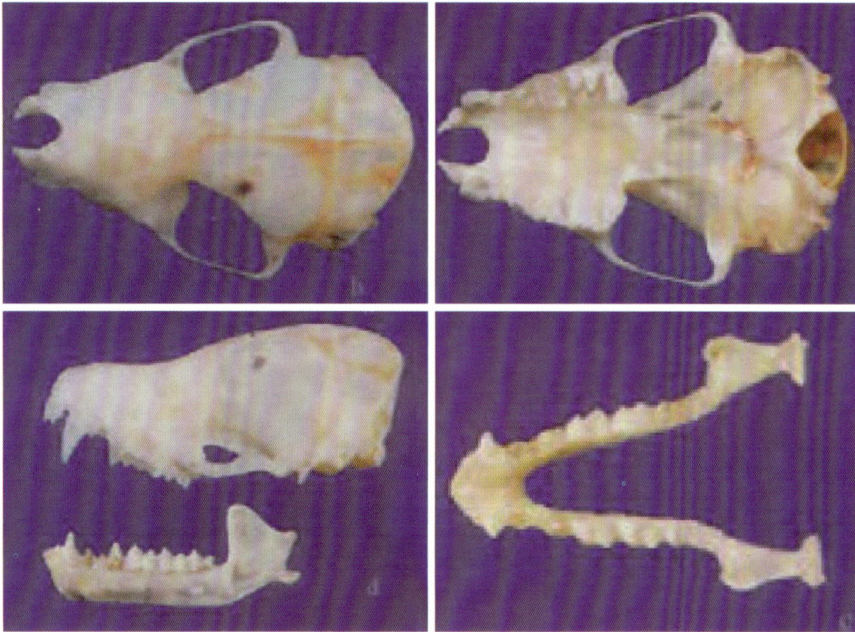

中华鼠耳蝠 *Myotis chinensis* **(Thomes, 1857)**

【英 文 名】Large Myotis

【识别特征】体型大。颅骨壮硕，窄长，颅全长22.7～23.37mm。吻部与脑颅几乎等长。耳宽大，顶端尖；耳屏较窄。翼膜起于趾基部，比较宽大。尾被骨间膜全包裹。

【身体度量】头体长62.50～72.17mm，前臂长62.56～64.27mm，颅全长22.7～23.37mm。

【生活习性】栖息于喀斯特溶洞内。夜行性。在常绿阔叶林中捕食鳞翅目、鞘翅目、膜翅目等目的昆虫。

【分 布】中国特有种。分布于贵州、四川、云南、重庆、湖南、江苏、江西、浙江、广东、广西、福建、海南、香港。

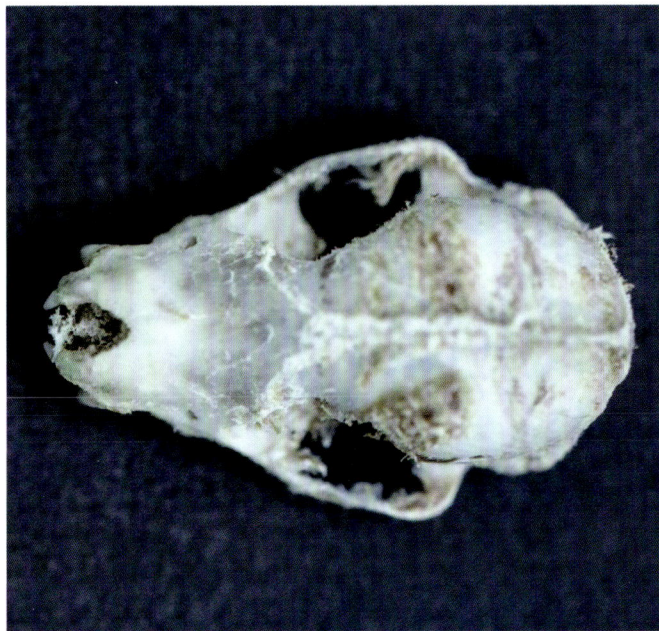

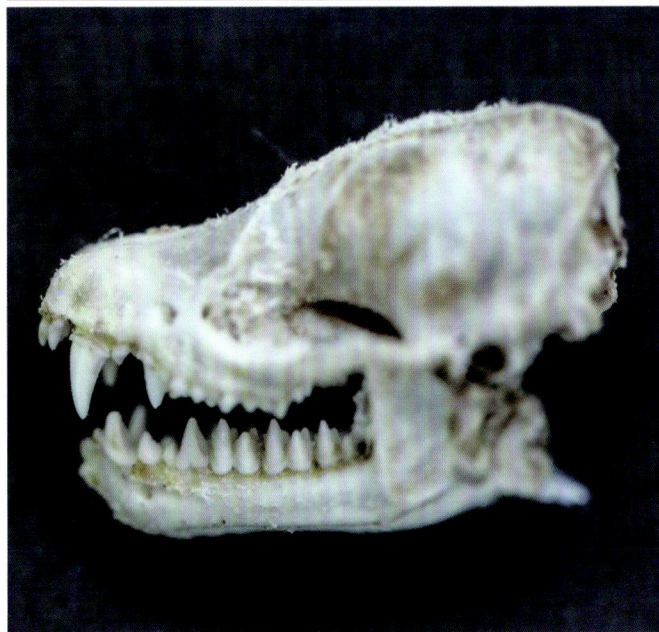

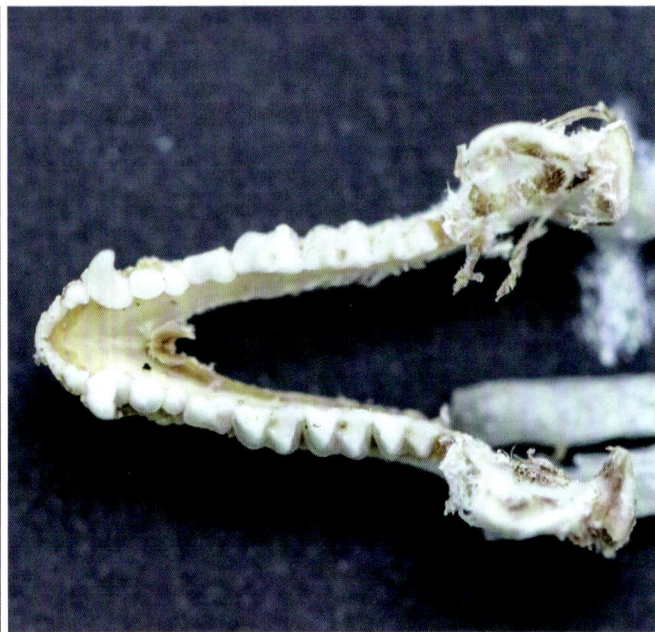

华南水鼠耳蝠 *Myotis laniger* (Peters, 1871)

【英 文 名】Chinese Water Myotis

【识别特征】体型较小。头骨较弱。吻部较宽。脑颅部宽大于颅全长之半。耳屏长且窄。后足长略大于或等于胫长的一半。翼膜止于趾基部，距细长。背部毛深棕色。面部有细密的短毛。

【身体度量】头体长42.71～42.89mm，前臂长43.03～43.08mm，颅全长12.66～13.21mm。

【生活习性】栖息于喀斯特溶洞内。夜行性。常在水面上捕食蚊类及其他昆虫。

【分　　布】国内分布于贵州、云南、四川、重庆、山东、江苏、安徽、浙江、福建、江西、广东、海南、西藏、陕西、香港。国外分布于印度、越南。

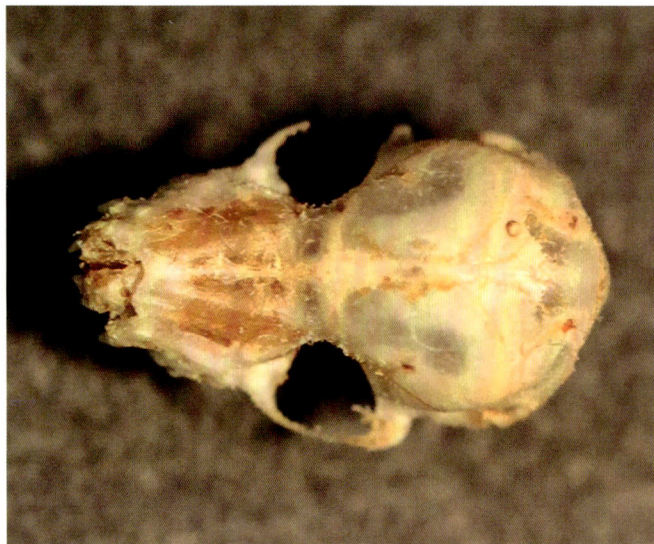

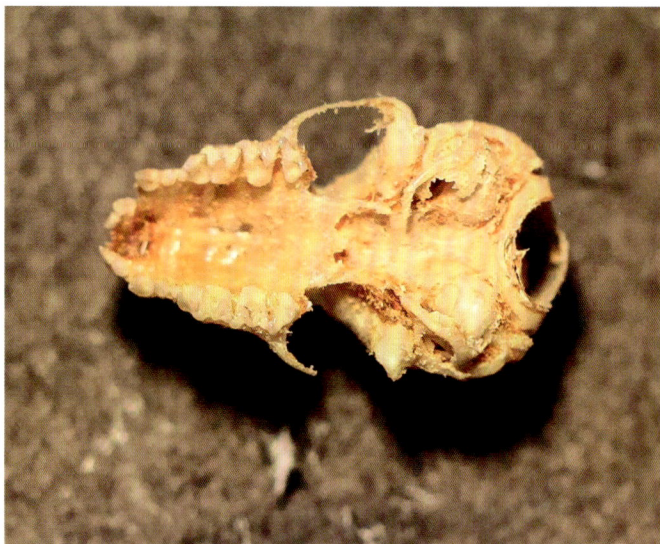

南蝠 *Ia io* Thomas, 1902

【英 文 名】Great Evening Bat

【识别特征】外形非常巨大。脑颅强壮，狭长。耳比较大，接近三角形；耳屏肾状。翼狭长。后足较大，接近胫长的一半。尾椎骨被骨间膜全部包裹，尾尖在骨间膜外部，尾长超过头体长的一半。背部毛深烟褐色；腹部毛偏棕黄色。面部有稀疏的毛。

【身体度量】头体长84.51～90.86mm，前臂长71.08～75.14mm，颅全长27.8～28.90mm。

【生活习性】栖息于喀斯特溶洞内。夜行性。在常绿阔叶林中捕食鞘翅目、鳞翅目、膜翅目等目的昆虫，以及小型幼鸟。

【分　　　布】国内分布于贵州、云南、四川、西藏、重庆、陕西、安徽、江西、江苏、浙江、湖南、湖北、广西。国外分布于印度、老挝、尼泊尔、越南、泰国北部。

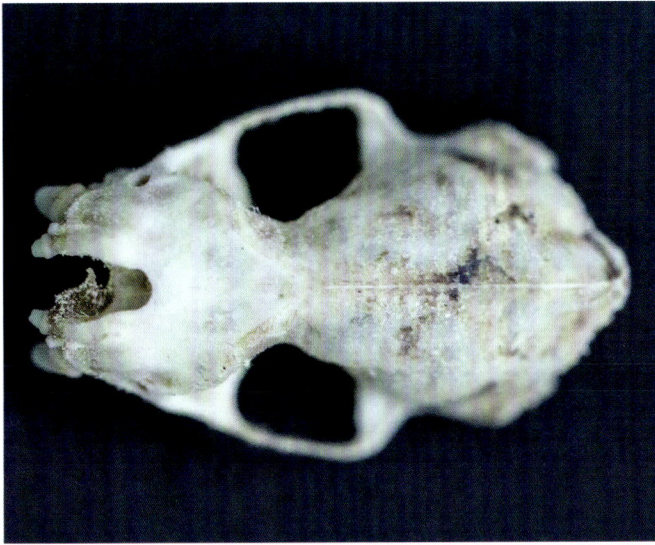

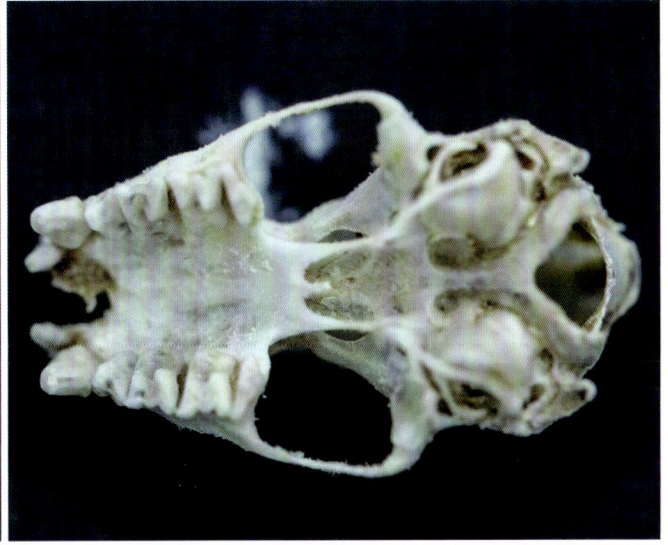

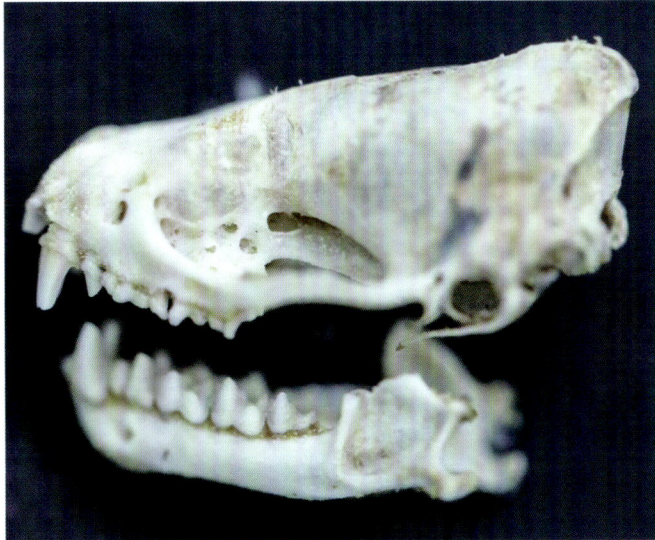

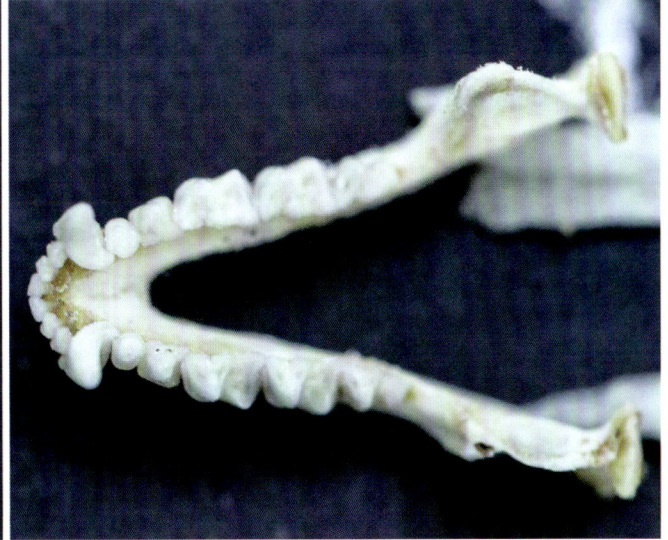

毛翼管鼻蝠 *Harpiocephalus harpia* (Temminck, 1840)

【英 文 名】Lesser Hairy-Winged Bat

【识别特征】头骨强壮。吻突又短又宽，且中央具有凹陷。颧弓很长。明显的矢状脊。鼻孔隆起，延长成管状。耳为圆形，具有针状耳屏，其上有一部位凹。尾部翼膜，后腿部位有毛覆盖。爪子很大。身体有柔软厚密的体毛；背部毛棕橙色；腹部毛浅棕色。

【身体度量】头体长41.88mm左右。

【生活习性】栖息于喀斯特溶洞内。夜行性。夜间捕食以鞘翅目为主的昆虫。

【分　　布】国内分布于贵州、云南、广东、台湾、福建。国外分布于印度、印度尼西亚、菲律宾。

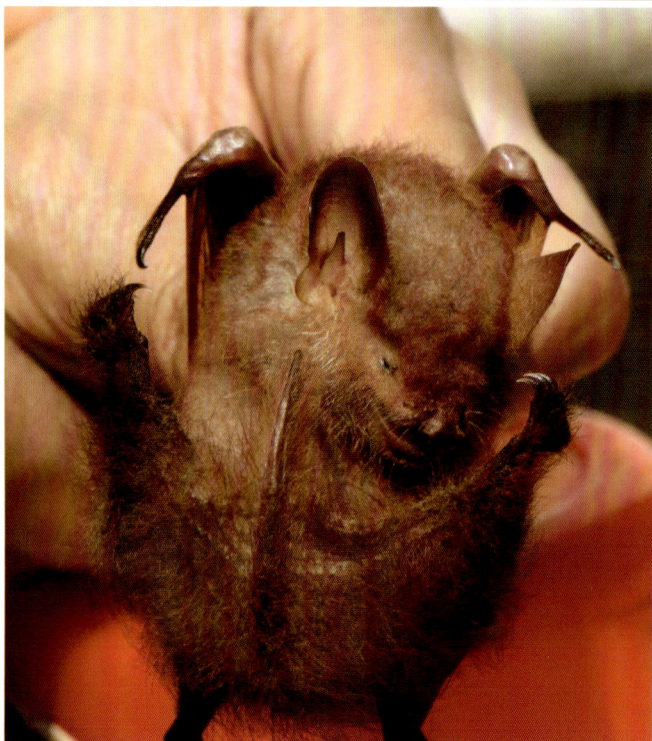

艾氏管鼻蝠 *Murina eleryi* **(Furey, 2009)**

【英 文 名】Elery's Tube-nosed Bat

【识别特征】头骨较小，有一微凹在眶上，吻突没有碰撞，头骨前部上升均匀。鼻部延长成管状。身体被红铜色或偏向黄色的体毛，其中有少许金黄色体毛点缀其间；背部毛毛基为黑褐色，中间夹杂有灰黄色的毛，毛尖颜色逐渐加深到红铜色，在头部、背部、颈部点缀着零散的具有金属光泽的金毛；腹部毛基部为黑色，有灰白色的毛尖，腹部两侧及胸部毛亮褐色。

【身体度量】颅全长14.18～15.33mm。

【生活习性】栖息于喀斯特岩溶洞穴中。夜行性。在茂密的林间捕食小型昆虫。

【分　　布】国内分布于贵州、重庆、湖南、广西。国外分布于越南。

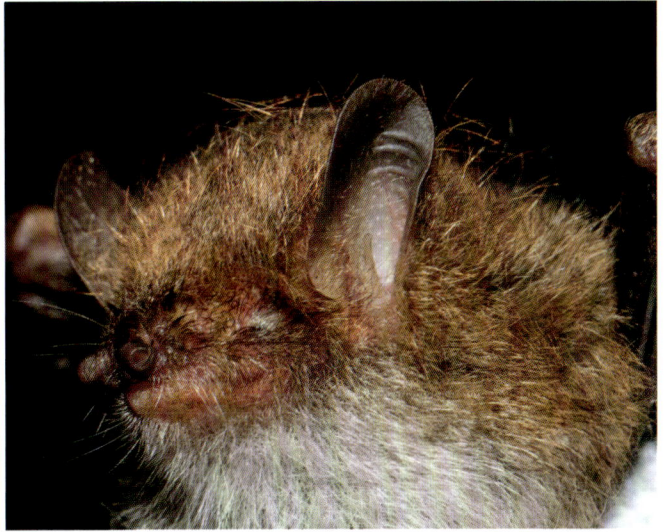

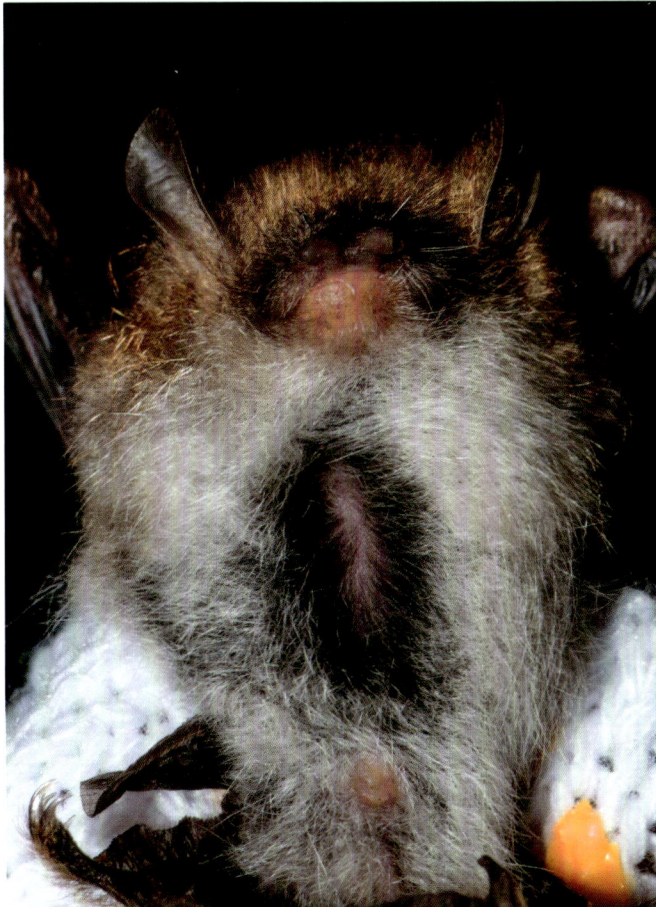

水甫管鼻蝠 *Murina shuipuensis* **(Eger and Lim, 2011)**

【英 文 名】Shuipu's Tube-nosed Bat

【识别特征】头骨比较小。前额边缘处有明显的吻突。无矢状脊。鼻骨的前端有凹陷，鼻部延长成管状。翼膜连于爪基部，延伸到第一趾的基部。体背部毛金棕色；腹部毛橘黄色，毛基为灰白色。股间膜的边缘无毛。

【身体度量】前臂长30.55mm左右，颅全长15.90mm左右。

【生活习性】小型森林性蝙蝠。栖息于喀斯特岩溶洞穴中。夜行性。喜在茂密的树林内捕食鞘翅目、鳞翅目、膜翅目等目的中小型昆虫。

【分　　布】中国特有种。分布于贵州、广东、江西。

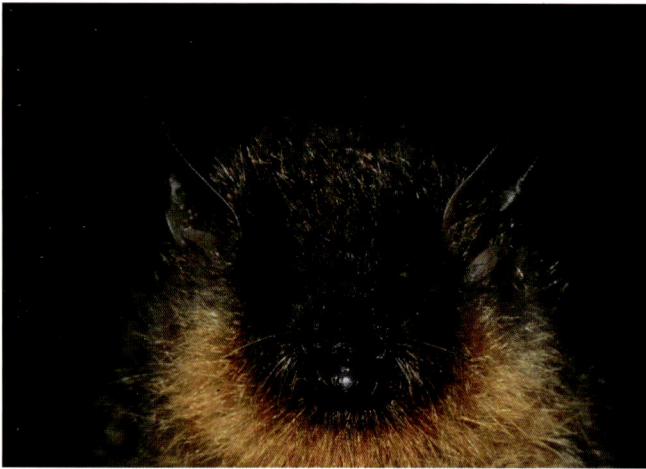

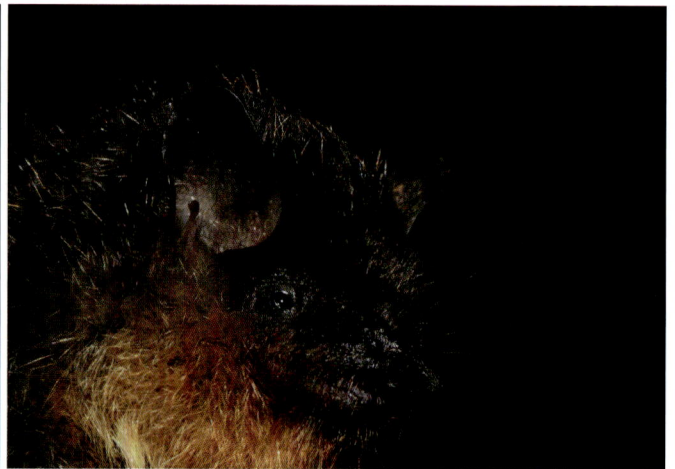

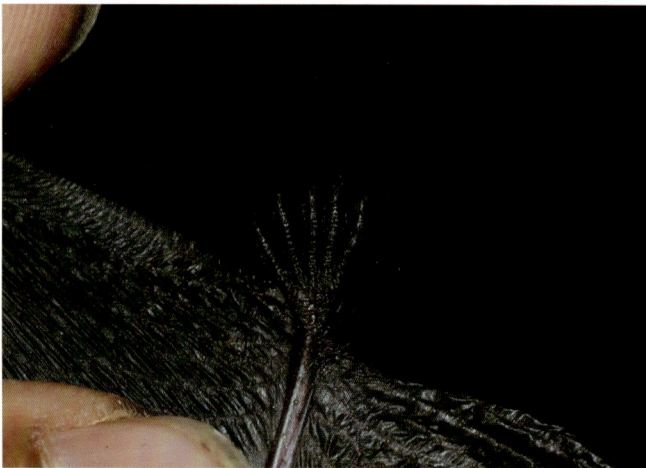

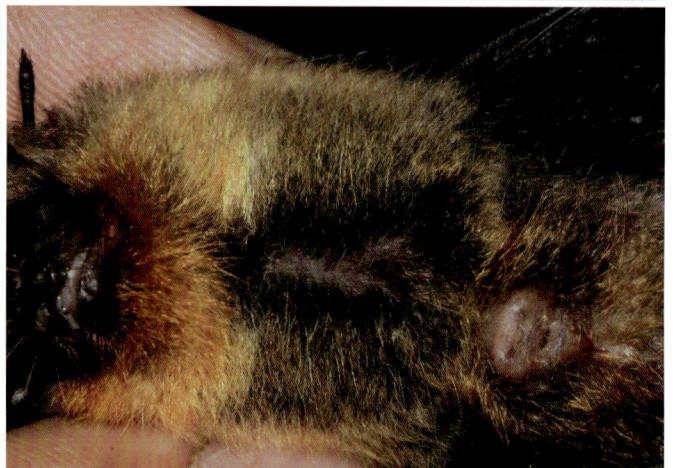

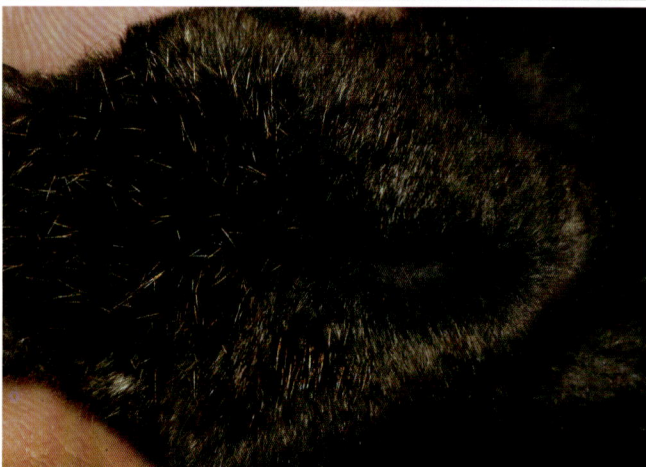

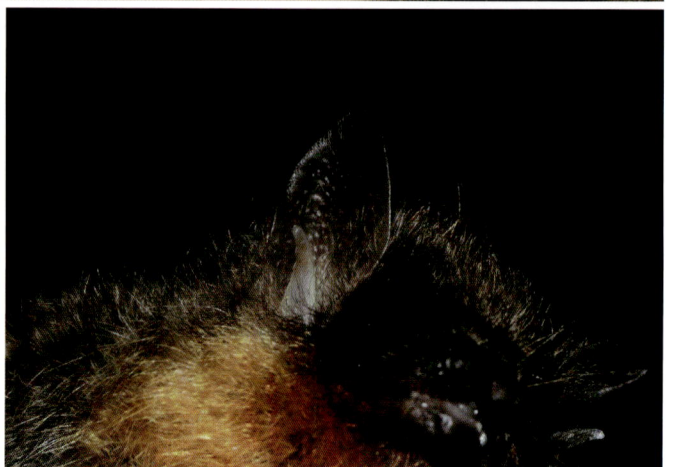

荔波管鼻蝠 *Murina liboensis* (Zeng and Zhou, 2018)

【英 文 名】Libo Tube-nosed Bat

【识别特征】鼻吻部黑色，覆以棕色短毛，鼻后缘至额部向上突出呈拱形。耳卵圆形，顶端钝圆，后缘无缺刻，耳长13.84mm；耳屏细长，末端较钝，长6.35～6.99mm，略大于耳长的1/2。背毛蓬松，由绒毛和保护毛组成，整体为棕灰色。绒毛短，灰色；保护毛基部浅灰色，毛干灰色，毛尖1/3为金黄色；背部越往体侧灰黑色段越短，而棕灰色段越长，使得体侧棕灰色。腹部毛较背部毛短，毛基灰黑色，毛干灰色，毛尖灰白色，整体呈现烟灰色；沿身体两侧逐渐变深，毛基灰色、棕色。

【身体度量】前臂长32.28mm左右，颅全长16.92mm左右。

【生活习性】栖息于喀斯特岩溶洞中。夜行性。喜在茂密的常绿阔叶林中捕食鞘翅目、鳞翅目、膜翅目等目的昆虫。

【分　　布】贵州特有种。分布于贵州荔波县。

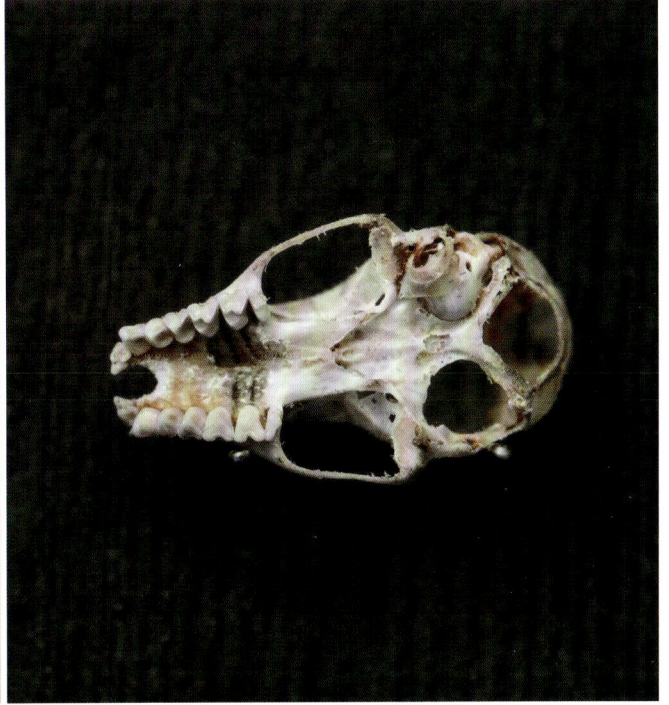

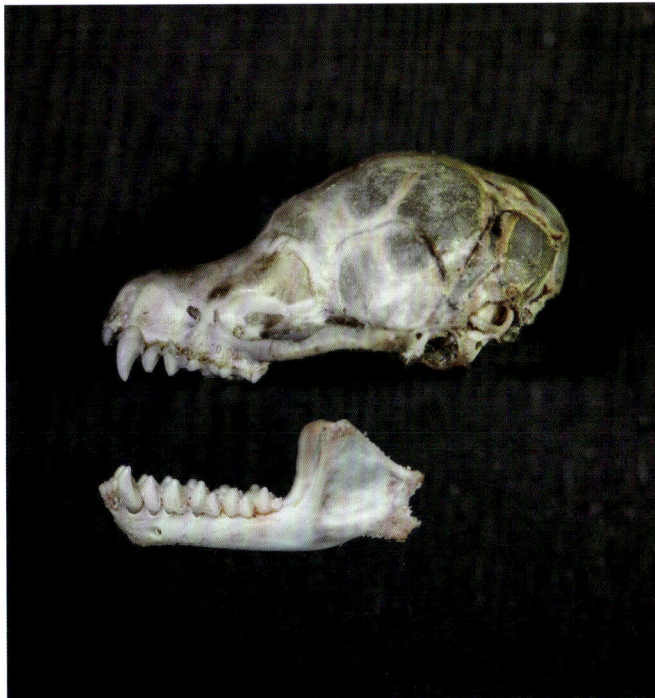

印度伏翼 *Pipistrellus coromandra* (Gray, 1838)

【英 文 名】Coromandel Pipistrelle

【识别特征】耳较小，耳屏短。翼比较宽。背部毛一般为棕色；腹部毛色相对较淡。一般在尾膜上下有少许体毛。

【身体度量】头体长39.00～45.00mm，前臂长31.00～34.00mm，颅全长12.60～13.00mm。

【生活习性】一般见于山脚、河滩，也在房屋脊檩的缝隙中栖息，生活地温暖。平原、高地、林区、楼宇之间也均能见到。通常几只到几十只组成小群。觅食一般开始于黄昏，接近地面捕食，飞行比较慢，但比较灵活。

【分　　布】国内分布于贵州、云南、西藏。国外分布于阿富汗、孟加拉国、不丹、柬埔寨、印度、缅甸、尼泊尔、巴基斯坦、斯里兰卡、泰国。

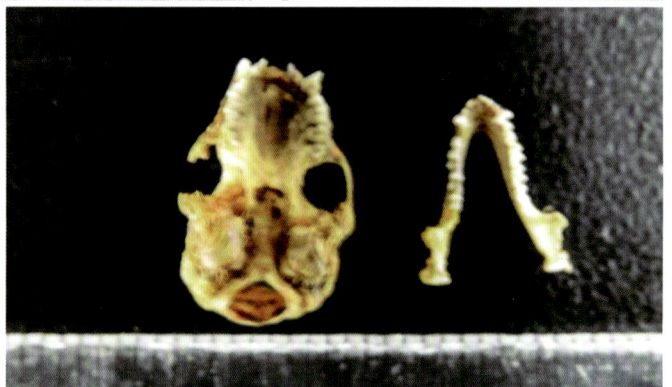

东亚伏翼 *Pipistrellus abramus* (Temminck, 1838)

【英文名】Japanese Pipistrelle

【识别特征】头骨较宽。吻突宽扁。耳廓为三角形；耳屏尖端圆钝，呈弧形。翼膜达趾基部。背部毛灰黑色、棕褐色；腹部毛色淡，通常呈灰褐色。

【身体度量】头体长38.00～60.00mm，前臂长31.00～36.00mm，颅全长12.20～13.40mm。

【生活习性】常见于建筑物、房屋、墙壁之间。集合小群活动，夜间在空旷场所觅食小昆虫。

【分　　布】国内分布于贵州、西藏、云南、重庆、四川、黑龙江、辽宁、陕西、甘肃、内蒙古、河北、天津、北京、山西、江苏、山东、安徽、浙江、江西、湖北、湖南、海南、广东、福建、广西、台湾、香港、澳门。国外分布于日本、朝鲜、韩国、老挝、缅甸、越南。

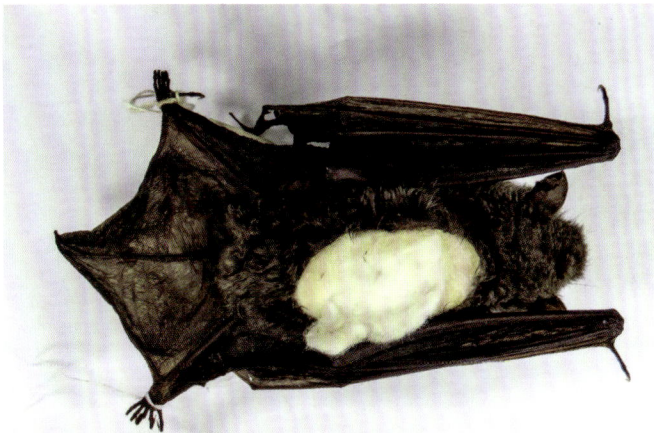

犬吻蝠科 Molossidae

皱唇犬吻蝠 *Tadarida plicata* (Buchanan, 1800)

【英文名】Wrinkle-lipped Bat

【识别特征】吻部好似犬吻。上唇纵向褶皱十分明显。尾部游离，尾后半部从骨间膜的背面伸出，尾长超过头体长的一半，达39.00mm。

【身体度量】头体长65.00mm左右，前臂长48.00mm左右。

【生活习性】栖息于喀斯特岩溶洞穴中。夜行性，捕食鞘翅目、鳞翅目、膜翅目等目的昆虫。

【分　　布】国内分布于贵州、云南、西藏、甘肃、海南、广西、广东、香港。国外分布于孟加拉国、印度、斯里兰卡，以及泰国、印度尼西亚等东南亚地区。

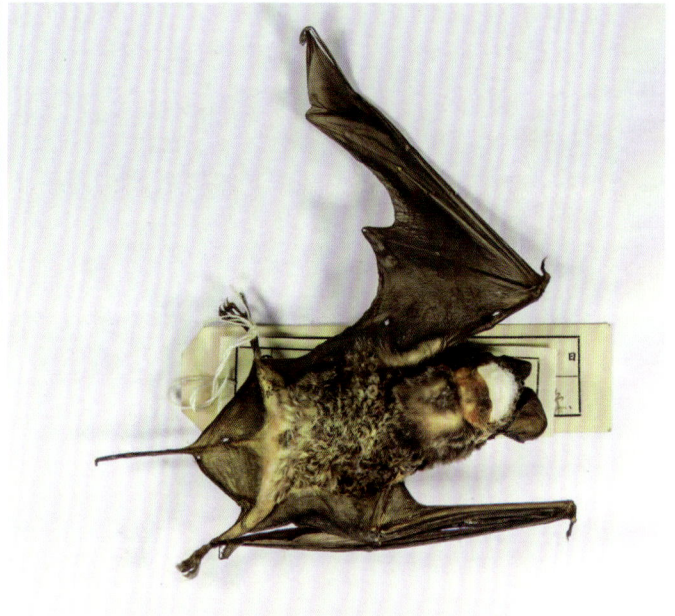

灵长目 PRIMATES

猴科 Cercopithecidae

猕猴 *Macaca mulatta* (Zimmermann, 1780)

【英文名】Rhesus Monkey

【识别特征】体型中等。颜面瘦削。体毛多为灰黄色，不同地区和不同个体间体色有差异。头顶没有向四周辐射的旋毛。额头突。肩毛略短。尾较长，约为头体长的一半。有颊囊。臀胝发达，肉红色。

【身体度量】体重7～10kg（雄性）、5～6kg（雌性），头体长430～600mm，尾长150～320mm，后足长140～167mm，颅全长95～122mm。

【生活习性】主要栖息在亚洲大陆的半荒漠地区、干旱落叶林、温带森林、热带森林和红树林，甚至非自然环境。以果实、叶子、芽、昆虫、小型脊椎动物和鸟卵为食。主要营多雄多雌的群居生活，通常由10～80个个体组成。繁殖具有严格的季节性，大部分的交配行为集中在10～12月，次年3～6月产仔，妊娠期为163天左右，出生间隔12～24个月。雌性2.5～3岁性成熟，雄性4～5岁性成熟。

【分　　布】世界上分布最广的灵长类动物。国内以广东、广西、云南、贵州等地分布较多，福建、安徽、江西、湖南、湖北、四川次之，陕西、山西、河南、河北、青海、西藏等的局部地区也有分布，主要分布于南方。国外主要分布于印度、不丹、老挝、缅甸、尼泊尔、孟加拉国、泰国、越南、巴基斯坦、阿富汗。

藏酋猴 *Macaca thibetana* (Milne-Edwards, 1870)

【英 文 名】Tibetan Macaque

【识别特征】体型大，粗壮，尾短。毛发长而浓密；背毛棕褐色、暗棕褐色或黑褐色；腹部浅灰色，腹毛淡黄色。头顶有旋状项毛。成年雄性的脸部为肉色，眼围为白色；成年雌性的脸部带有红色，眼围为粉红色。颜面随年龄不同而异色，性成熟时呈鲜红色，进入老年时变为紫色、肉色和黑色。

【身体度量】体重10～25kg，头体长490～710mm，尾长60～100mm，颅全长121～168mm。

【生活习性】主要栖息于高山峡谷的阔叶林、针阔混交林或稀树多岩的地方。采食果实和嫩叶，也采食昆虫、小鸟和鸟蛋。营群居生活，通常由10～30个个体组成。全年均可繁殖，交配期集中在10～12月，次年3～5月产仔，妊娠期约5个月，哺乳期4～5个月。雌性性成熟期略早于雄性，4～5岁时开始发情。

【分　　布】中国特有种。广泛分布于四川、甘肃、陕西、贵州、云南东北部、安徽、湖南、浙江、福建、广西、广东北部等地。

鳞甲目 PHOLIDOTA

鲮鲤科 Manidae

穿山甲 *Manis pentadactyla* (Linnaeus, 1758)

【**英 文 名**】Chinese Pangolin

【**识别特征**】身体狭长，背面略隆起。头呈圆锥状。眼小。吻尖。舌长。无齿。耳不发达。四肢粗短。足具5趾，并有强爪；前足爪长，尤以中间第3爪特长，后足爪较短小。尾扁平而长。除腹部外，从头至尾披覆瓦状角质鳞，鳞甲棕褐色或黑褐色。

【**身体度量**】体重2.4～7.0kg，头体长423～920mm，尾长280～350mm，后足长65～85mm，耳长20～26mm。

【**生活习性**】主要生活在南方湿润地带的丘陵山地，喜欢栖息于各种阔叶林、针阔混交林、树竹丛和草灌丛。以白蚁为主要食物，也采食其他种类的蚂蚁及其幼虫，以及蜜蜂、胡峰及其他昆虫幼虫。穴居。洞穴的结构随着季节和食物的变化而不同。初春、夏季交配，年产2胎，每胎多为1仔，一胎在3～4月，另一胎在10～12月。

【**分 布**】主要分布于我国。曾广泛分布于北至江苏、安徽、湖北，西至四川、云南西部，东至福建、台湾山地等地的广大丘陵山地，其中以福建、广西、广东、云南和贵州的数量较多。国外，缅甸、印度、尼泊尔等地亦有分布。

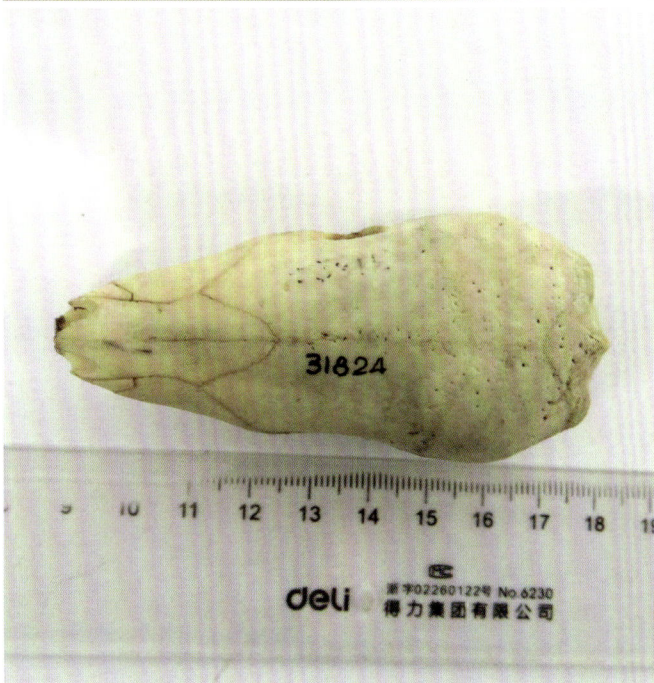

食肉目 CARNIVORA

犬科 Canidae

赤狐 *Vulpes vulpes* (Linnaeus, 1758)

【英文名】Red Fox

【识别特征】体形细长。四肢短。吻尖长。耳尖直立。尾毛长而蓬松，尾长超过头体长之半。背毛棕黄色或棕红色，亦有呈棕白色，因气候或地区不同而略有差异；喉、胸和腹部毛色浅；耳背面上部及四肢外面均趋黑色；尾背面红褐色带有黑色、黄色或灰色细斑，腹面棕白色，尾端白色。

【身体度量】体重3.8～6.5kg，头体长58～95cm，尾长33～43cm，颅全长13～17cm。

【生活习性】栖息于森林、灌丛、草原、荒漠、丘陵、山地、苔原等多种环境中，有时也生存于城市近郊。利用其他动物的弃洞或树洞栖居，有时也在大山岩石下生活，常几只同居，甚至有时与獾同栖一洞。主要食用小型兽类和鸟类，也捕捉鱼、蛙、蜥蜴、昆虫和采食野果。多在春季交配，年产1胎，每胎3～6仔，多者可达13仔。

【分　　布】广泛分布于欧亚大陆和北美大陆，还被引入到澳大利亚等地。

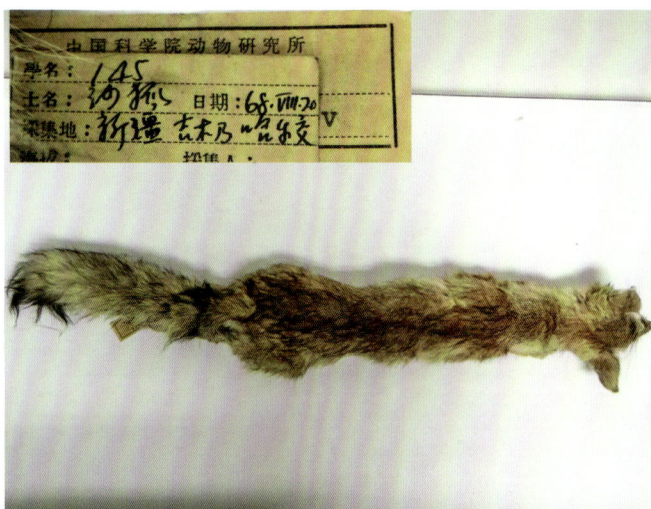

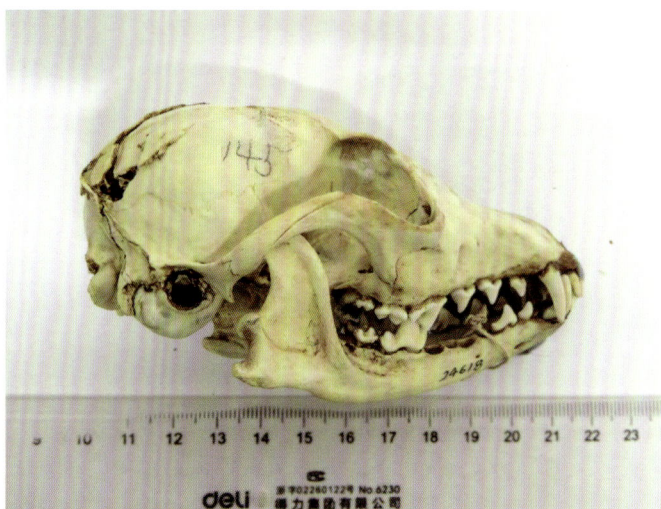

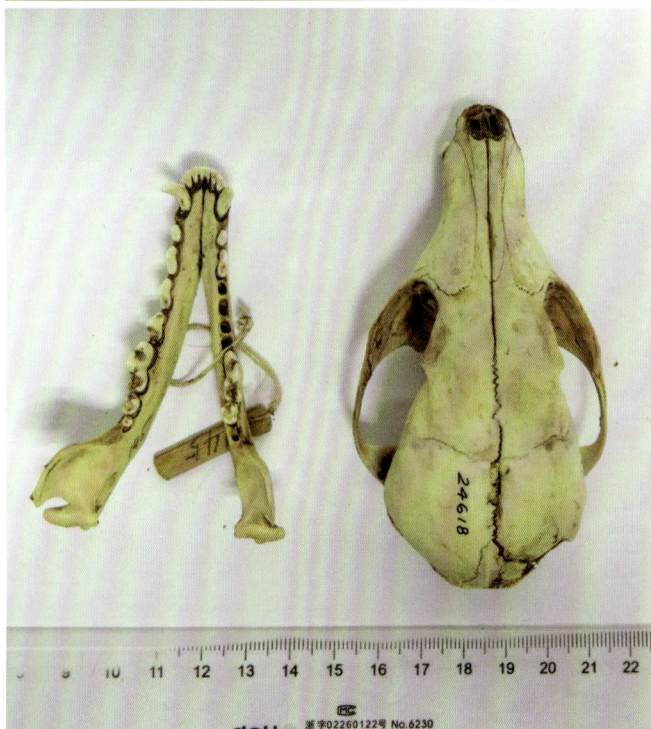

貉 *Nyctereutes procyonoides* (Gray, 1834)

【英 文 名】Racoon Dog

【识别特征】体形较犬和狐小，但躯体肥壮。吻尖。颊部生长毛。四肢短。尾短而粗。周身毛长而蓬松，底绒丰厚。体毛黄褐色或赭褐色，毛尖多为黑色；两颊连同眼周的毛黑色，形成大斑纹；背毛基部棕色或驼色，体侧毛色较浅；腹毛没有黑色毛尖；四肢下部毛黑褐色。

【身体度量】体重3.1～8.2kg，头体长45～70cm，尾长14～24cm，颅全长12～15cm。

【生活习性】常利用其他动物的旧洞或营巢于石隙、树洞中穴居。昼伏夜出，一般单独活动，偶见三五成群。食性较杂，主食各种小动物，也食野果、真菌、种子和谷物。春季交配，孕期60多天，每年一胎，每胎5～12仔。

【分 布】东亚特有种。国内分布于山西、辽宁、内蒙古、黑龙江、湖北、甘肃、四川、贵州、安徽、浙江、福建、广西、河南、河北、江西、江苏、陕西、吉林、湖南、云南、广东。原产于俄罗斯、朝鲜、日本、蒙古等地。1927～1957年被引入欧洲北部和东部，被引入后，曾在部分地区快速扩散。

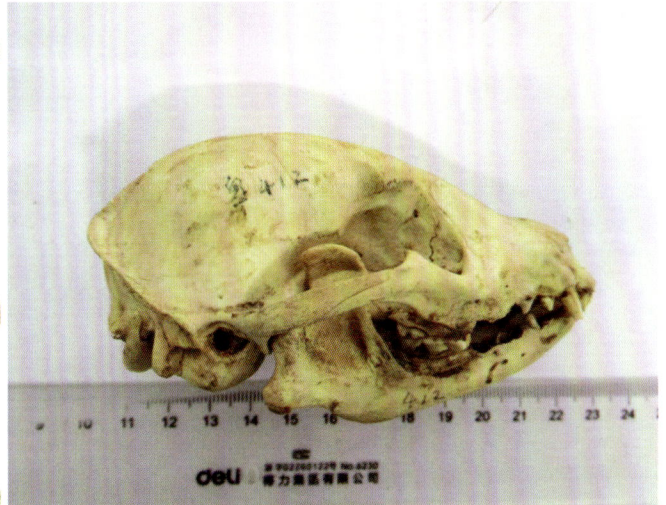

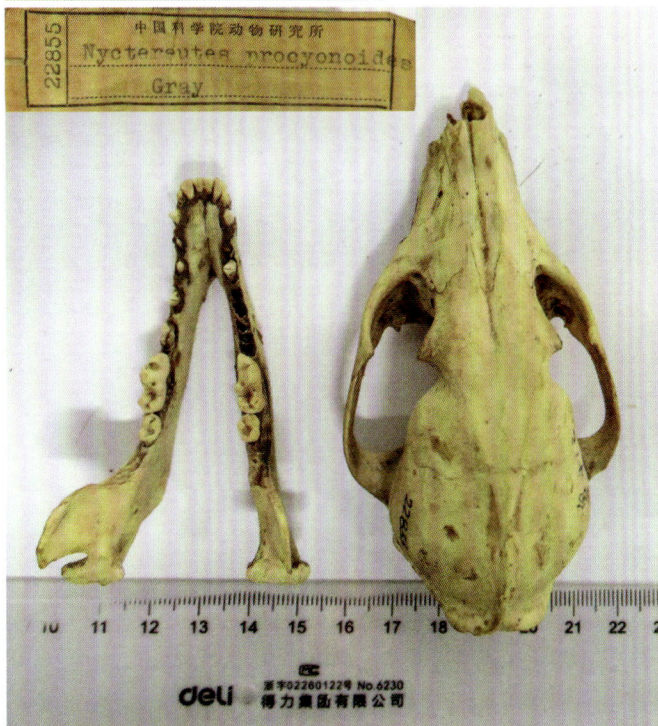

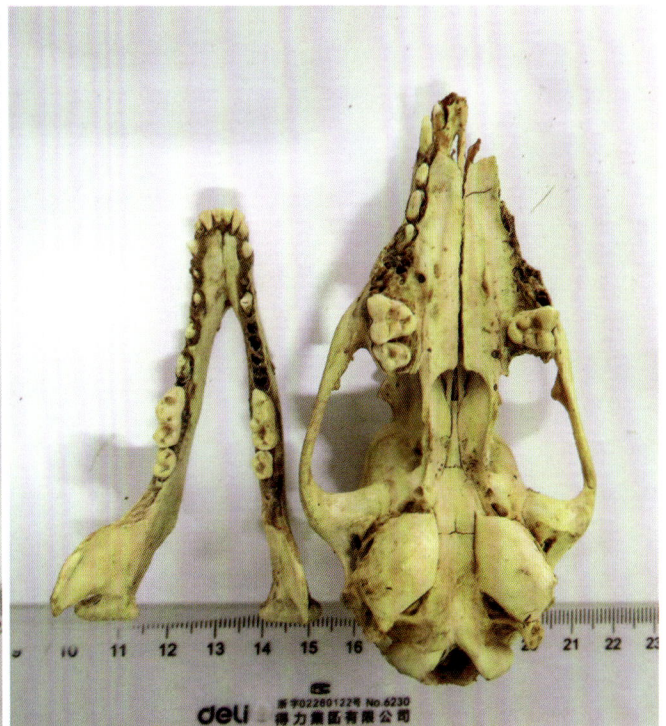

熊科 Ursidae

黑熊 *Ursus thibetanus* (Cuvier, 1823)

【英 文 名】Asiatic Black Bear

【识别特征】头宽而圆。前足腕垫发达，与掌垫相连；前后足皆5趾，爪强而弯曲，不能伸缩。毛被漆黑色。胸部毛短，一般短于4cm，具有白色或黄白色月牙形斑纹。吻鼻部棕褐色或赭色，下颏白色。颈的两侧具丛状长毛。

【身体度量】体重150～250kg，头体长150～190cm，尾长7～8cm，颅全长26～35cm。

【生活习性】林栖动物。主要栖息于阔叶林、针阔混交林、热带雨林和东北地区的柞树林。杂食性，以植物性食物为主，吃青草、嫩叶、苔藓、蘑菇、竹笋、蕃芋、松子、橡子及各种浆果，也吃鱼、蛙、鸟卵及小型兽类，喜欢挖蚂蚁窝和掏蜂巢。食物和寻食范围有明显的个体间、地区性和季节性变化。6～8月发情交配，怀孕期6.5～7个月，于12月至翌年1、2月产仔，每胎2仔，也有1或3仔者。

【分　　布】在我国分布很广，北至黑龙江，南至海南岛及喜马拉雅山脉南坡，但由于环境的变迁，许多地方已绝迹。国外分布在亚洲大陆及其邻近岛屿。

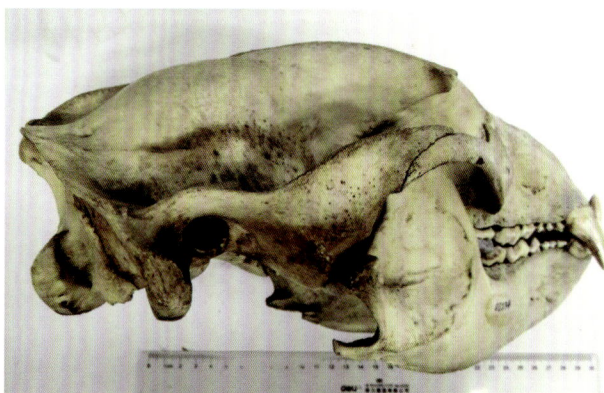

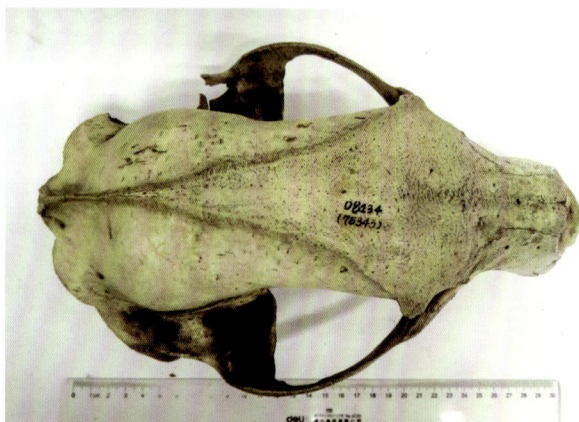

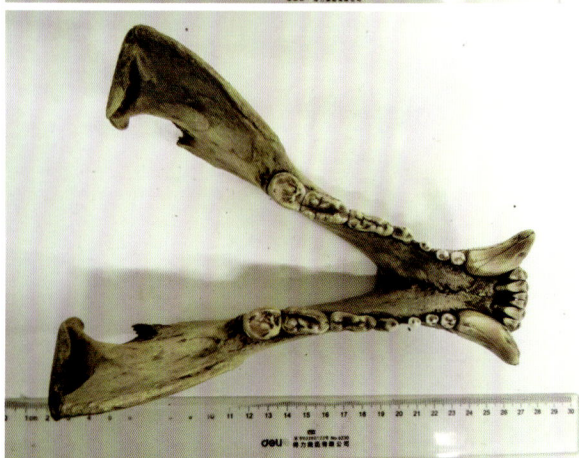

鼬科 Mustelidae

黄腹鼬 *Mustela kathiah* **(Hodgson, 1835)**

【英文名】Yellow-bellied Weasel

【识别特征】身体细长。体毛短，背腹毛的分界线明显；体背面从吻端经眼下、耳下、颈背到背部及体侧、尾和四肢外侧均呈棕褐色；体腹面从喉、颈下腹部及四肢内侧呈沙黄色；四肢下部毛浅褐色；嘴角、颏及下唇毛为淡黄色。

【身体度量】体重190～320g，头体长20～38cm，尾长6.5～16cm。

【生活习性】清晨和夜间活动，以鼠类为主要食物，亦捕食蛙和小鸟等，有时窜入村落盗食家禽。

【分　　布】国内分布于广东、海南、广西、福建、浙江、四川、贵州、云南、安徽、湖北、台湾等地。国外分布于不丹、印度、老挝、缅甸、尼泊尔、泰国、越南。

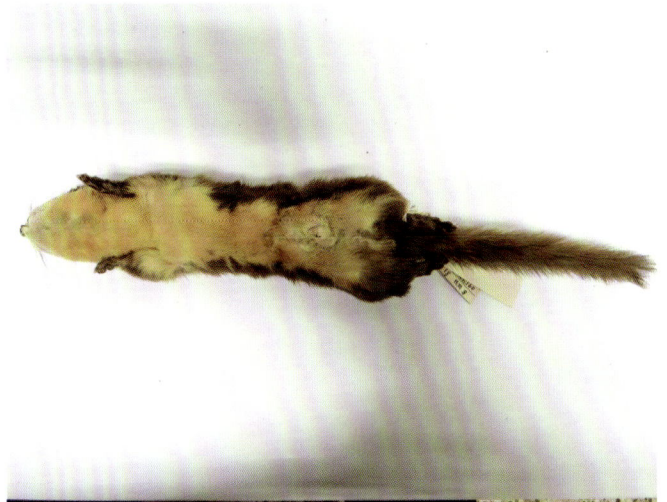

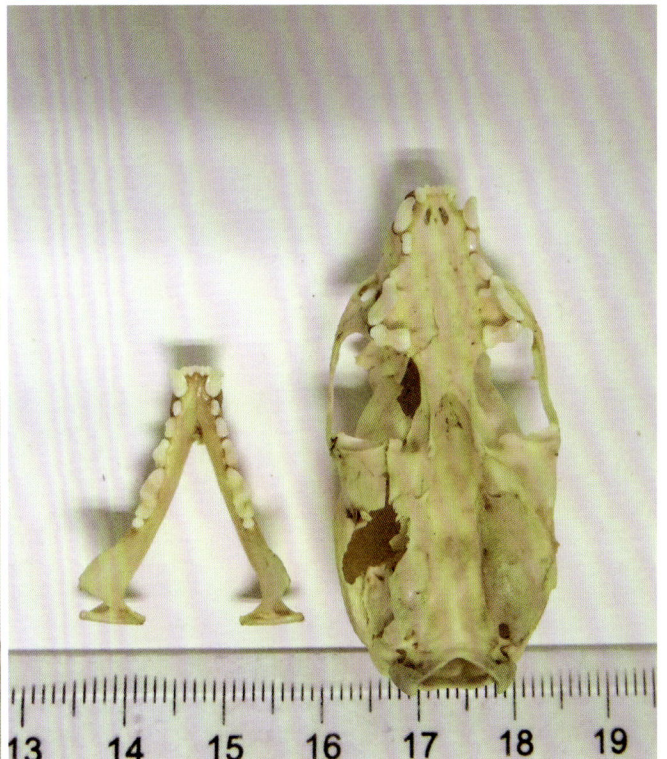

黄鼬 *Mustela sibirica* (Pallas, 1773)

【英 文 名】Siberian Weasel

【识别特征】体形细长，雄体比雌体明显大。四肢短。头小而颈长。耳壳短宽。尾长为头体长之半。肛门腺发达。五趾间有很小的皮膜。冬季尾毛长而蓬松。体毛基本为棕色，腹毛稍浅，背腹毛色无明显的分界；鼻垫基部及上下唇为白色；喉部及颈下常有白斑。夏毛颜色较深，几呈褐色。

【身体度量】体重0.3～0.6kg，头体长34～38cm，尾长15～19cm，颅全长5.3～6.5cm。

【生活习性】平时栖居在乱石堆和倒木下，仅在繁殖和冬季才有较固定的洞穴。遇险时，会从肛门腺分泌臭液。性凶残，常捕杀远超过其食量的小动物，主要捕食鼠类及其他小动物，偶尔伤害家禽。春季发情，孕期30～40天，每胎多5～6仔，偶有产10仔以上者。

【分　　布】国内分布于北京、天津、河北、山西、内蒙古、辽宁、吉林、黑龙江、上海、江苏、浙江、安徽、福建、江西、山东、河南、湖北、湖南、广东、广西、四川、贵州、云南、西藏、陕西、甘肃、青海、宁夏、新疆、台湾。国外分布于不丹、印度、日本、韩国、朝鲜、老挝、蒙古、缅甸、尼泊尔、巴基斯坦、俄罗斯、泰国、越南。

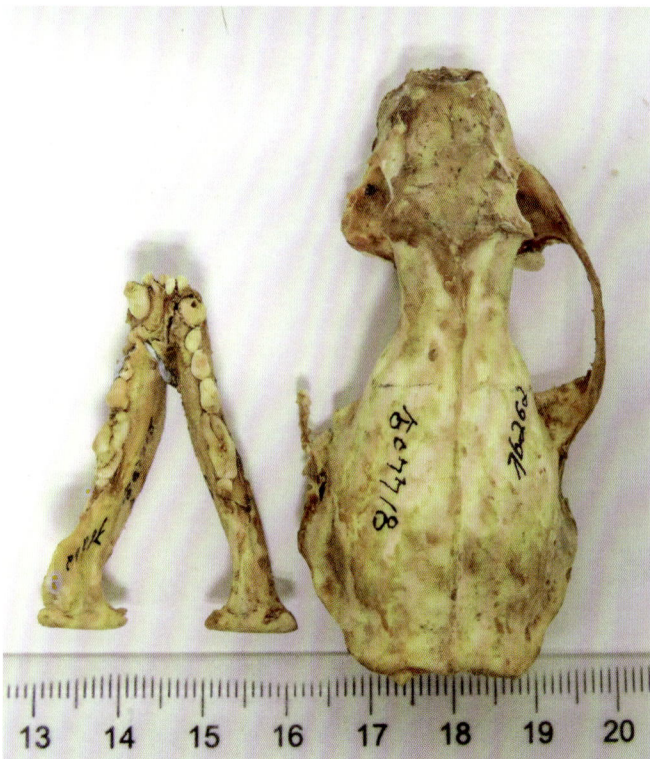

黄喉貂 *Martes flavigula* (Boddaert, 1785)

【英文名】Yellow-throated Marten

【别　名】青鼬

【识别特征】体形似果子狸，但躯体较细长，头和尾均呈黑褐色。尾长超过头体长之半。体背毛前半部棕黄色，后半部黄褐色；腹毛灰白色；喉、胸部腹面鲜橙黄色；四肢毛棕褐色。

【身体度量】体重1.5～2.6kg，头体长51～62cm，尾长37～46cm，颅全长9.7～10cm。

【生活习性】晨昏最活跃，成对或多头一起出没。行动隐蔽，常在树上活动，采食野果和鸟蛋。性情凶猛，常集小群围歼比它们大数倍的动物（如鹿和小鹿），尤嗜吮血和食蜂蜜，故有"蜜狗"之称。多在春夏季产仔，每胎多2仔。

【分　布】分布于我国大部分地区，包括黑龙江、吉林、辽宁、河北、河南、山西、陕西、甘肃、安徽、浙江、福建、台湾、湖北、湖南、广西、广东、海南、江西、四川、重庆、贵州、云南、西藏等地。国外分布于孟加拉国、不丹、文莱、柬埔寨、印度、印度尼西亚、加里曼丹岛、韩国、朝鲜、老挝、马来西亚、缅甸、尼泊尔、巴基斯坦、俄罗斯、泰国、越南。

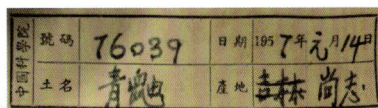

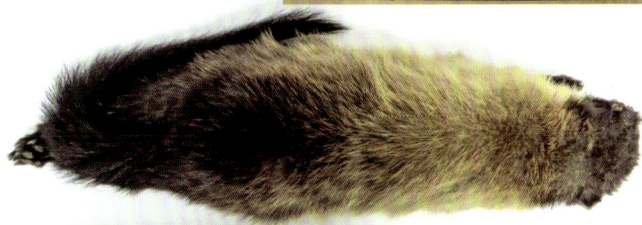

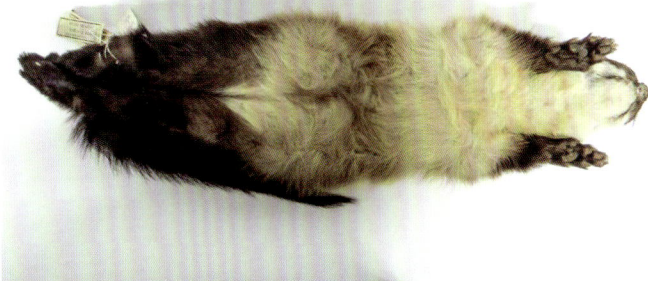

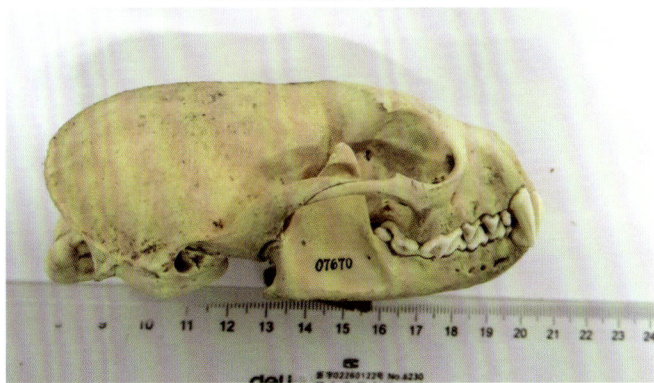

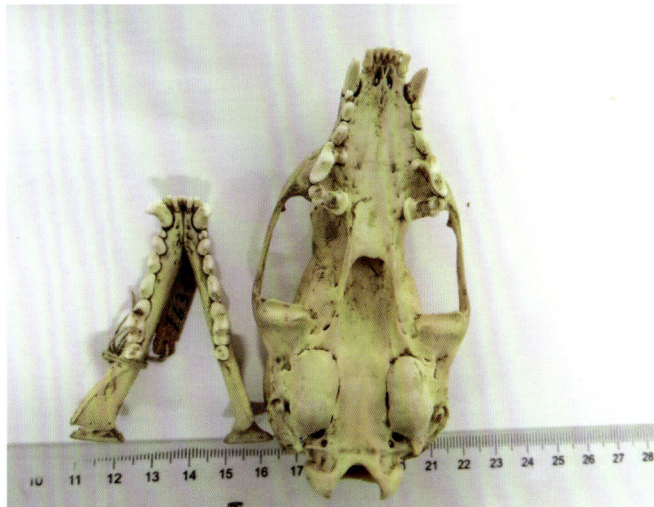

鼬獾 *Melogale moschata* **(Gray, 1831)**

【英 文 名】Small-toothed Ferret-badger

【识别特征】体形小。鼻吻突出如小猪鼻。颈粗短。耳短圆而直立。趾爪侧扁而弯曲，前爪第二、第三爪特别粗长。通身基本毛色为灰褐色；头顶向后经背脊到后腰有一条断断续续的白色纵纹；前额、眼后、耳前、颊和颈侧均有不定形的白斑；喉、胸、腹部的毛污白色或浅黄色。

【身体度量】体重0.6～1.5kg，头体长30～43cm，尾长11.5～22cm，颅全长7.1～8.3cm。

【生活习性】善打洞，但洞穴简单，有獾的洞臭味很浓，且在洞口侧有粪便。夜行性，多单独活动，外出常循一定的路径，常在潮湿的作物区或水溪旁活动，用强爪和长吻扒挖食物，留下翻扒过的痕迹。杂食性，主要捕食各种小动物，亦食植物的根茎和果实。每年产一胎，每胎2～4仔。

【分　　布】国内分布于海南、广东、广西、贵州、云南、四川、安徽、湖北、湖南、江苏、上海、浙江、江西、福建、台湾。国外分布于印度、老挝、缅甸、越南。

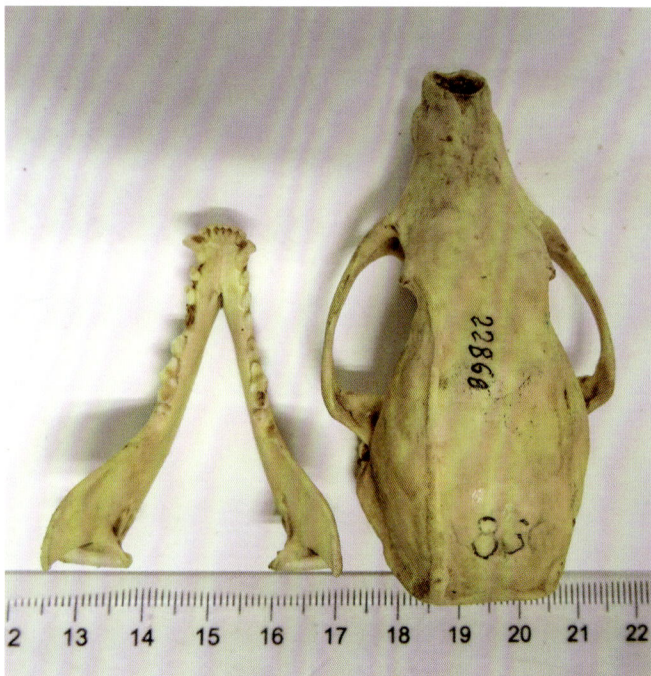

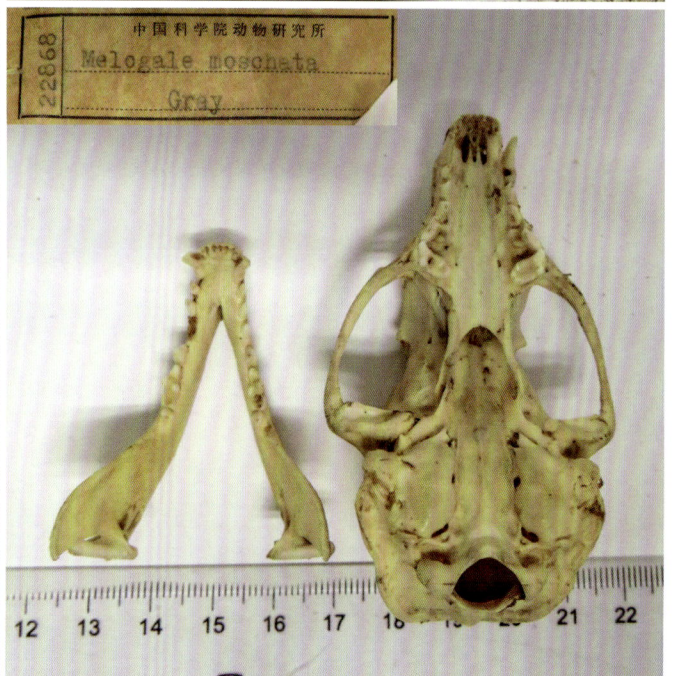

狗獾 *Meles leucurus* (Linnaeus, 1758)

【英 文 名】Asian Badger

【识别特征】体形肥壮。前后足趾均具粗长的爪。尾短。肛门附近具腺囊，能分泌臭液。头顶有3条白色纵纹；体背毛褐色，有较稀疏的白色或乳黄色的针毛，绒毛白色或灰白色，体被粗硬的针毛；腹毛颜色较淡；尾背毛与体背毛颜色相同，但染白色较多。

【身体度量】体重3～9kg，头体长52～78cm，尾长13～21cm，颅全长11～12.5cm。

【生活习性】洞栖，洞道长。冬季洞的结构较复杂，有2～3个洞口，其他季节的洞穴简单。长江以北地区的狗獾有冬眠习性。杂食性，捕食各种小动物，在有狼分布的地方，还吃狼吃剩的食物，兼食植物的根、茎和果实。每年产一胎，每胎2～5仔。

【分　　布】国内分布于从内蒙古、黑龙江、吉林、辽宁、江苏、浙江、福建、广东、广西、云南、四川、湖北、陕西、贵州、甘肃等地。国外分布于阿富汗、阿尔巴尼亚、奥地利、比利时、波黑、保加利亚、克罗地亚、捷克、丹麦、爱沙尼亚、芬兰、法国、德国、希腊、匈牙利、伊朗、伊拉克、爱尔兰、以色列、意大利、拉脱维亚、立陶宛、卢森堡、北马其顿、摩尔多瓦、荷兰、挪威、波兰、葡萄牙、罗马尼亚、俄罗斯、塞尔维亚、斯洛伐克、斯洛文尼亚、西班牙、瑞典、瑞士、乌克兰、英国。

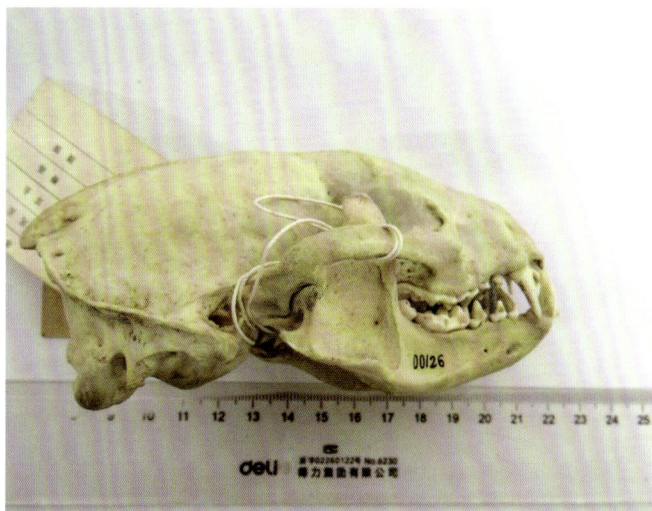

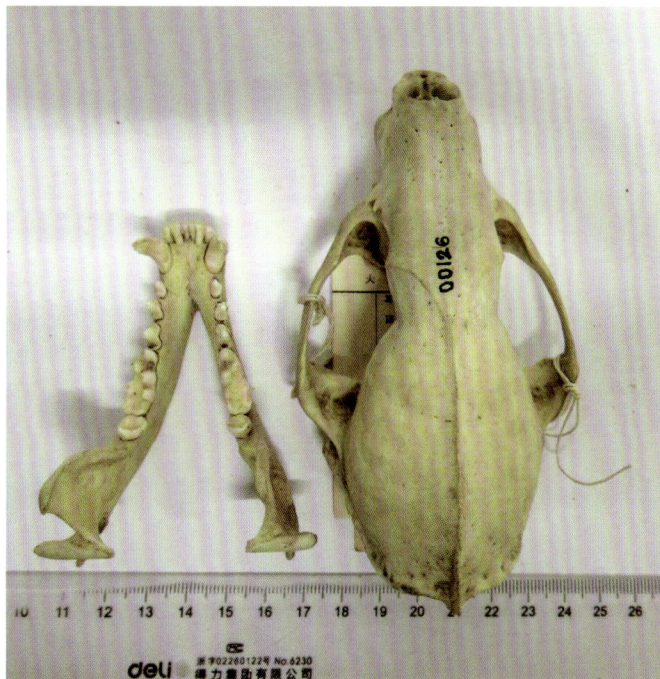

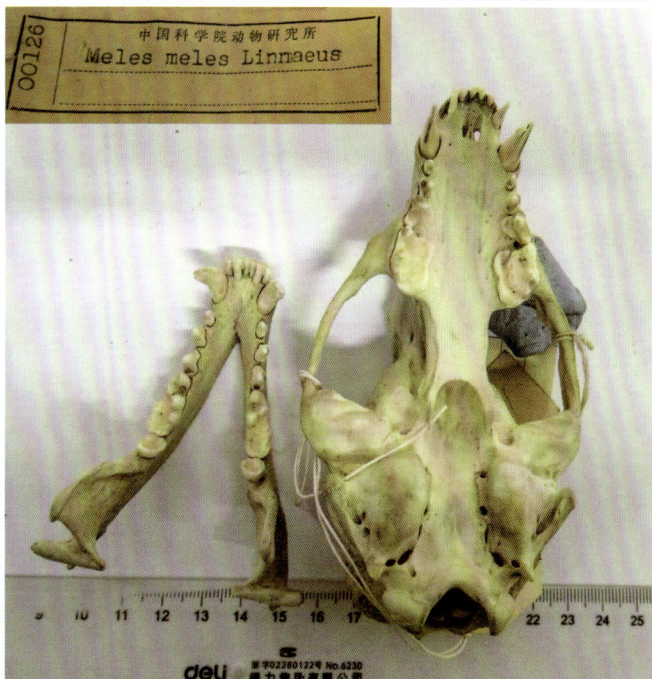

灵猫科 Viverridae

果子狸 *Paguma larvata* (Smith, 1827)

【英 文 名】Masked Palm Civet

【识别特征】四肢短壮，各具五趾。趾端有爪，爪稍有伸缩性。体毛短而粗，黄灰褐色；头部毛色较黑，由额头至鼻梁有一条明显的色带；眼下及耳下具有白斑；背部体毛灰棕色。后头、肩、四肢末端及尾巴后半部为黑色。

【身体度量】体重3.6～5.0kg，头体长48～50cm，尾长37～41cm。

【生活习性】主要栖息在森林、灌木丛、岩洞、树洞或土穴中，偶在开垦地出现。

【分　　布】国内分布于华北以南的广大地区。国外分布于中南半岛、印度尼西亚、印度、不丹、尼泊尔。

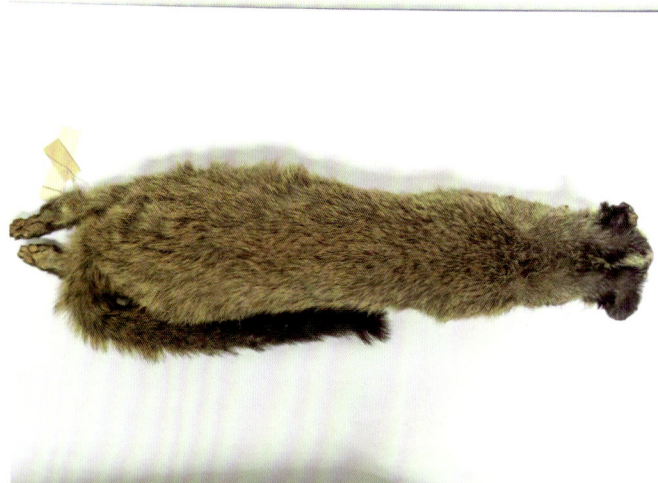

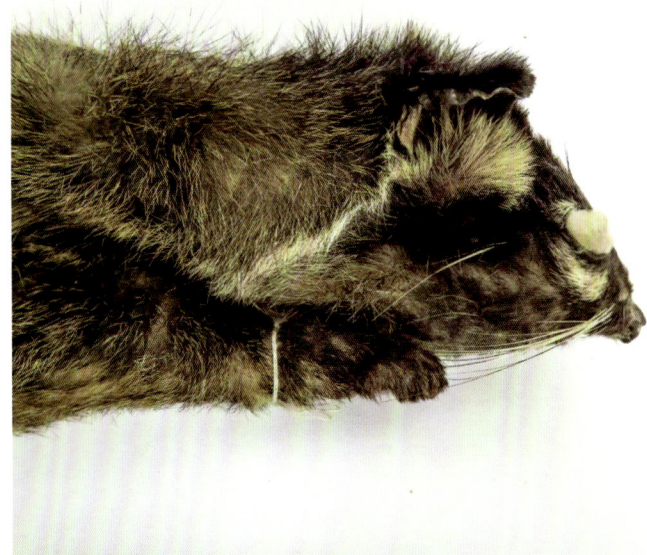

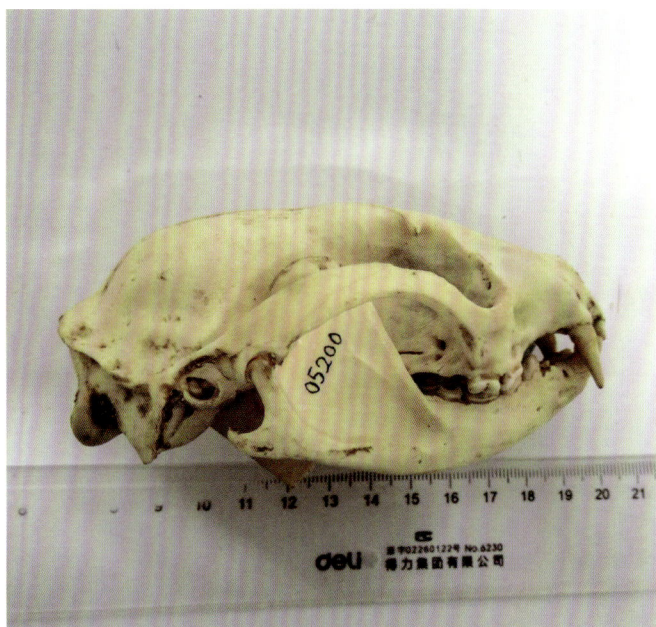

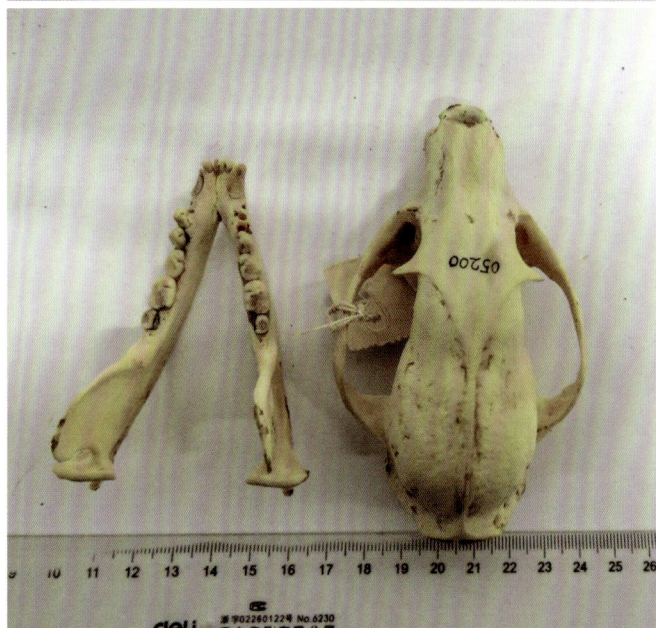

小灵猫 *Viverricula indica* (É.Geoffroy Saint-Hilaire, 1803)

【英文名】Small Indian Civet

【识别特征】颜面狭窄。吻部尖突。会阴部亦有香囊，闭合时像一对肾脏，开启时形如一个半切开的苹果；肛门两侧的臭腺比大灵猫发达。体色和斑纹可因季节不同而异，冬毛棕黄色或乳黄褐色；从耳后至肩有2条黑褐色颈纹，其间夹杂另2条短纹；从肩至臀部有3～5条暗色背纹，中央3条清晰，外侧2条时断时续；四足乌黑色，腹部灰黄色或灰白色，尾部有7～9个暗褐色环。

【身体度量】体重1.5～4kg，头体长47～58cm，尾长25～39cm，颅全长8.7～10cm。

【生活习性】喜欢在山地作物区附近的丛林中活动。杂食性，捕食鼠和蜥蜴等动物，是农田鼠类的主要天敌，也能上树捕捉小鸟、松鼠，采食野果。小灵猫有"擦香"的习性，每天活动时，不论香囊中有无香膏，都会举尾在树枝或石头上"擦香"。两岁性成熟，多在春季繁殖，妊娠期约3个月，每胎4～5仔。

【分　　布】国内主要分布于浙江、安徽、福建、广东、广西、海南、四川、贵州、云南、台湾等地。国外主要分布于越南、泰国、老挝、柬埔寨等地。

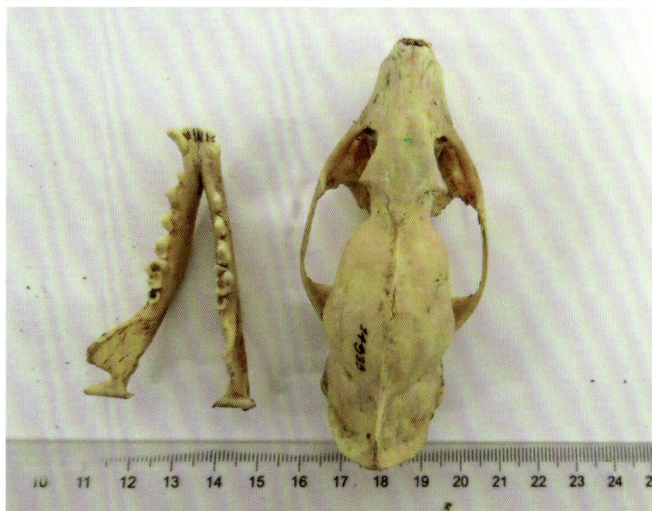

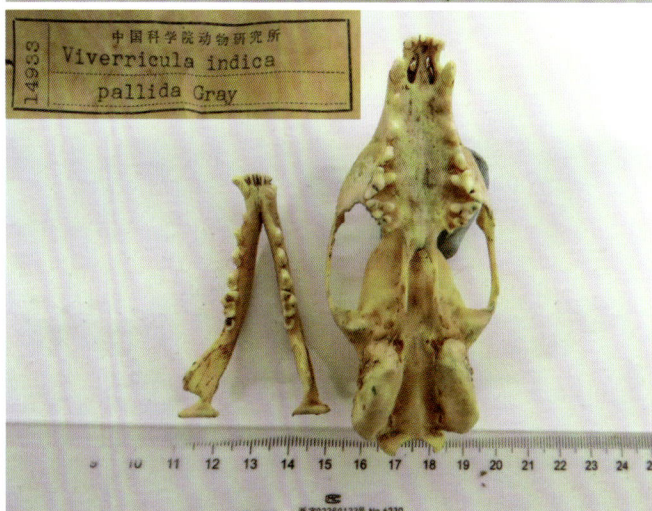

斑灵狸 *Prionodon pardicolor* (Hodgson, 1842)

【英 文 名】Spotted Linsang

【识别特征】体型修长和矫健。颜面部尖长。吻部向前突出。足趾的爪均有爪鞘。足底垫间被毛。背毛基色为淡褐色或黄褐色，下体乳黄色或乳白色。颈背有两条黑色条纹后延至肩部。体背和体侧有多列较大的黑色圆斑或卵圆斑。前肢和胸腹外侧的圆斑小而呈点状。颈下侧各有一条时断时续的暗色纹。尾具9个暗色和白色相间的色环。

【身体度量】体重400～620g，头体长35～40cm，尾长31～36cm。

【生活习性】多营地栖生活，主要栖息于海拔2700m以下的热带雨林、亚热带山地湿性常绿阔叶林、季风常绿阔叶林及其林缘灌丛、高草丛等生境。夜行性。主要以鼠类、蛙类、鸟类和昆虫等为食，亦可上树捕食松鼠、鼯鼠，亦常到村寨附近偷食家禽，在山区甚至会潜入民屋内捕食鼠类。产仔期多在每年的4月，每胎以2仔居多，幼体2～3年性可成熟。

【分　　布】国内分布于四川、西藏、贵州、云南、湖南、广东、江西等地。国外分布于印度阿萨姆邦、尼泊尔、缅甸北部、老挝、越南、泰国等地。

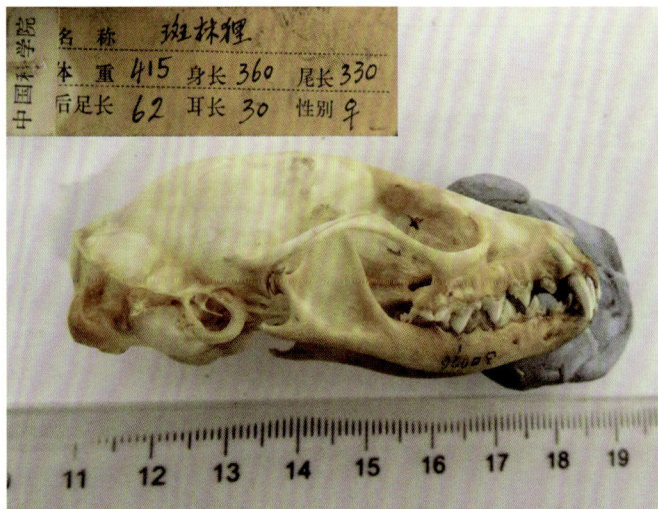

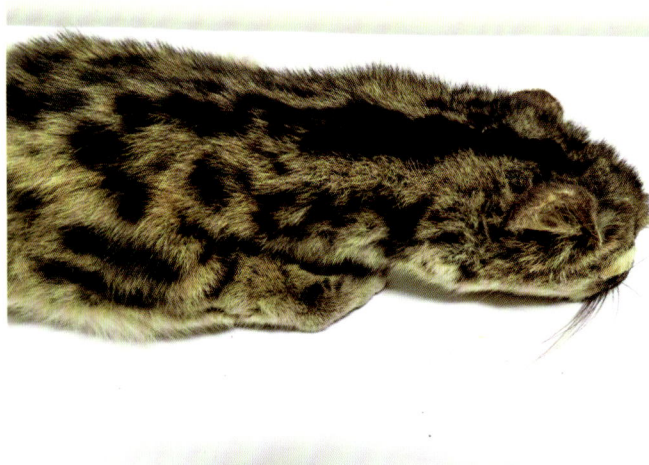

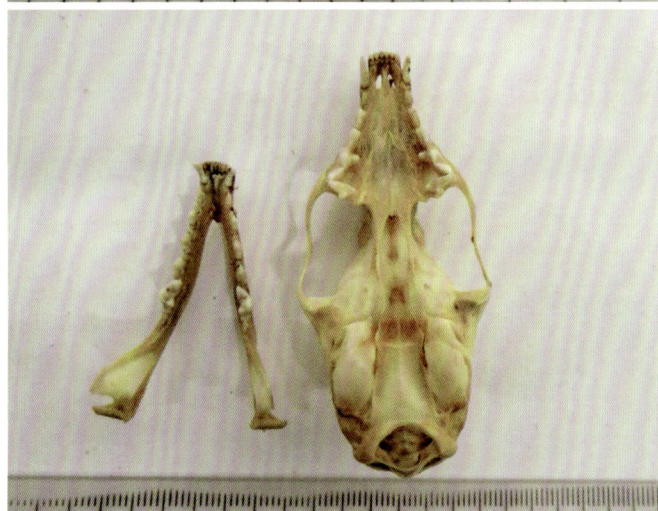

猫科 Felidae

豹猫 *Prionailurus bengalensis* (Kerr, 1792)

【英 文 名】Leopard Cat

【识别特征】头形圆。两眼内侧至额后各有一条白色纹，从头顶至肩部有4条黑褐色点斑。耳背具有淡黄色斑。体背基色为棕黄色或淡棕黄色。胸腹部及四肢内侧白色。尾背有褐斑点半环，尾端黑色或暗棕色。

【身体度量】体重1.5～3.8kg，头体长40～107cm，尾长15～44cm。

【生活习性】地栖性，多在树洞、土洞、石块下或石缝中穴居。攀爬能力强，在树上活动灵敏自如。夜行性，晨昏活动较多。独栖或成对活动。善游水，喜在水塘边、溪沟边、稻田边等近水之处活动和觅食。主要以啮齿类、兔类、蛙类、蜥蜴、蛇类、小型鸟类等为食，也吃浆果、榕树果和部分嫩叶、嫩草，有时潜入村寨盗食鸡、鸭等家禽。

【分　　布】亚洲地区分布最广泛的小型猫科动物。国内分布于南方各地。国外分布于俄罗斯西伯利亚和远东地区、朝鲜北部、巴基斯坦、尼泊尔、不丹、印度、孟加拉国、缅甸、泰国、老挝、越南、柬埔寨、马来西亚、新加坡、印度尼西亚、菲律宾。

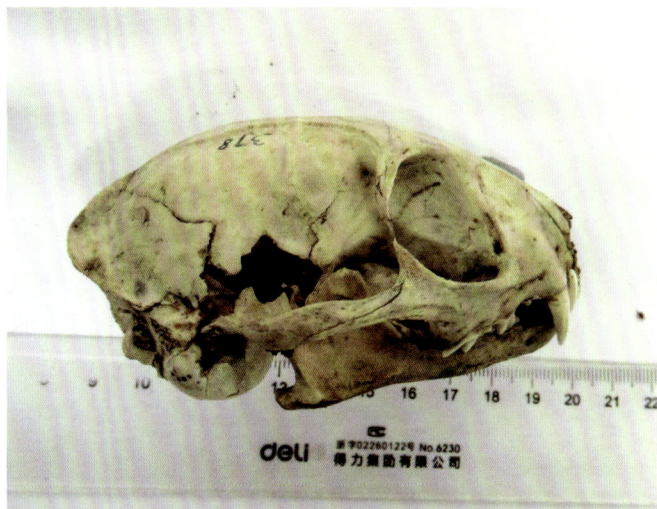

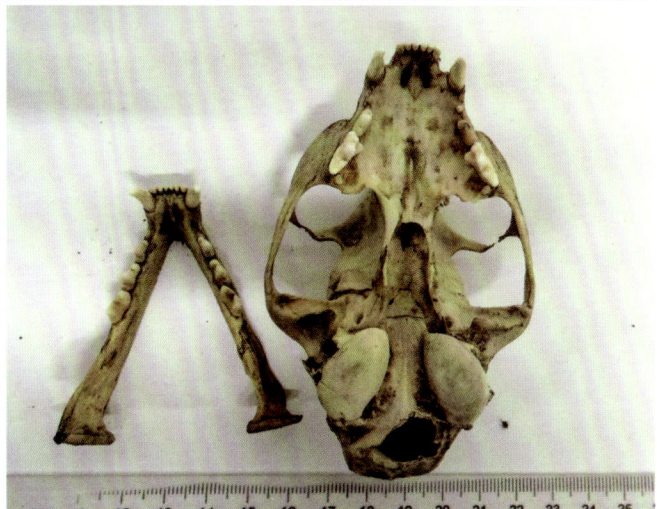

金猫 *Pardofelis temmincki* (Vigors and Horsfield, 1827)

【英 文 名】Asiatic Golden Cat

【识别特征】头形短圆。颜面部短宽。耳较短而宽，直立头顶两侧。眼大而圆。毛色很复杂，主要有3个色型，亮红色（红金猫）到灰棕色、暗灰褐色（灰金猫）和全身斑点者（花金猫）。

【身体度量】体重10～15kg，头体长70～110cm，尾长40～50cm。

【生活习性】栖息于热带和亚热带的湿润常绿阔叶林、混合常绿山地林和干燥落叶林。除在繁殖期成对活动外，一般独居。夜行性。行动敏捷，善于攀爬。肉食性。交配期多在初春，每胎2～4仔。

【分　　布】国内分布于西藏、安徽、四川、云南、广西、广东、福建、江西等地。国外分布于孟加拉国、不丹、柬埔寨、印度、印度尼西亚、老挝、马来西亚、缅甸、尼泊尔、泰国、越南。

豹 *Panthera pardus* (Linnaeus, 1758)

【英 文 名】Leopard

【识别特征】体形似虎，但明显较小。四肢短健。前足5趾，后足4趾，爪灰白色，能伸缩。被毛黄色，满布黑色环斑。

【身体度量】体重25～55kg，头体长100～150cm，尾长65～82cm，颅全长17～23cm。

【生活习性】生活于多种生境里，如森林、灌丛、湿地、荒漠等。我国豹主要生活在山地林区，其巢穴多筑于浓密树丛、灌丛或岩洞中。营独居生活，常夜间活动，白天在树上或岩洞休息。在食物丰富的地方，活动范围较固定；食物缺乏时，则游荡数十千米觅食。豹捕食各种有蹄类动物，在南方也捕食猴、兔、鼠类、鸟类和鱼类，秋季也采食甜味的浆果。食物缺乏时，也于夜晚潜入村屯盗食家禽家畜。冬季和春季发情交配。怀孕期100天左右，4～5月产仔，每胎2～4仔，哺乳期约3个月，初生仔体重550～750g，约10日龄时睁眼，18～24个月能独立生活，幼兽和母兽在一起直到母兽下一个发情期。幼兽两三岁后性成熟。寿命约20年，饲养者可达23年。

【分　　布】国内除台湾、辽宁、山东、宁夏和新疆外，曾普遍见于各地。国外分布于俄罗斯沿海地区、朝鲜北部。

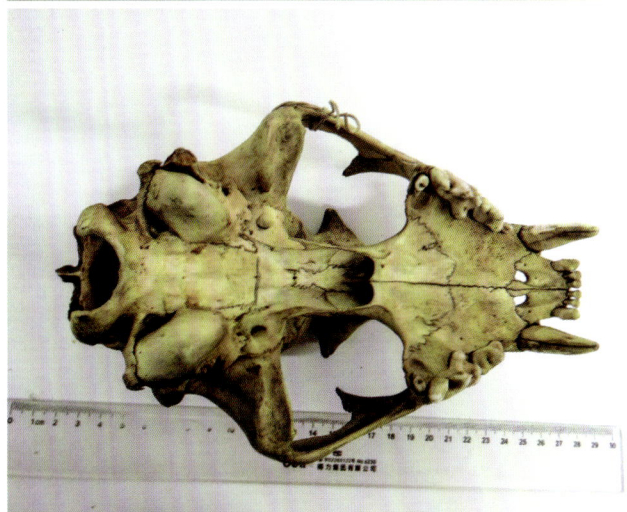

偶蹄目 ARTIODACTYLA

猪科 Suidae

野猪 *Sus scrofa* (Linnaeus, 1758)

【英　文　名】Wild Boar

【识别特征】体躯健壮。四肢粗短。头较长。耳小并直立。吻部突出似圆锥体，顶端为裸露的软骨垫（即拱鼻）。每脚有4趾，且硬蹄，仅中间2趾着地。尾巴细短。犬齿发达，雄性上犬齿外露，并向上翻转，呈獠牙状。野猪耳披有刚硬而稀疏针。毛呈深褐色或黑色，年老的背上会长白色毛，但也有地区性差异，在中亚地区曾有白色的野猪出现。幼猪的毛为浅棕色，有黑色条纹。背上有长而硬的鬃毛。毛粗而稀，冬天的毛会长得较密。毛色因地区而略有差异。

【身体度量】体重90～200kg，最重甚至近400kg，头体长150～200cm，尾长17～30cm，肩高90cm左右。

【生活习性】一般早晨和黄昏时分活动觅食，中午时分进入密林中躲避阳光，喜欢在泥水中洗浴。活动范围一般8～12km^2。食物很杂，包括草、果实、坚果、根、昆虫、鸟蛋、大家鼠、腐肉，甚至也会吃野兔和鹿崽等，有时还偷食鸟卵。当受到威胁时，公猪会用獠牙来保护自己，没有獠牙的母猪会咬对方。

【分　　布】分布范围极广，属广布种。国内除青藏高原与戈壁沙漠外，各地广布。国外除澳大利亚、南美洲和南极洲外，分布于东亚、中南半岛、大巽他群岛、小巽他群岛、俄罗斯西伯利亚南部、中亚、南亚、非洲北部、斯堪的纳维亚半岛南部、中东欧、西欧、伊比利亚半岛、不列颠群岛，并传入新几内亚岛、所罗门群岛、新西兰和北美洲。

麝科 Moschidae

林麝 *Moschus berezovskii* (Flerov, 1929)

【英 文 名】Forest Musk Deer

【识别特征】雌、雄麝都不长角。雄麝的上犬齿发达，长而尖，露出口外，呈獠牙状。尾巴很短，隐于毛丛中。四肢细长。蹄子比较狭而尖。成体全身毛暗褐色，没有斑点；耳背端毛褐色。颈下纹明显。臀部毛色比身体更深。

【身体度量】体重7～12kg，头体长60～83cm，尾长3～4cm，颅全长13～15cm。

【生活习性】主要栖息于海拔2000～3800m的针阔混交林、针叶林和郁闭度较差的阔叶林中，以树叶、杂草、苔藓、嫩芽、地衣及各种野果为食。

【分　布】国内主要分布于宁夏六盘山、陕西秦岭山脉，分布范围东至安徽大别山、湖南西部，西至四川、西藏波密县和察隅县、云南北部，南至贵州、广东、广西北部山区。国外分布于越南。

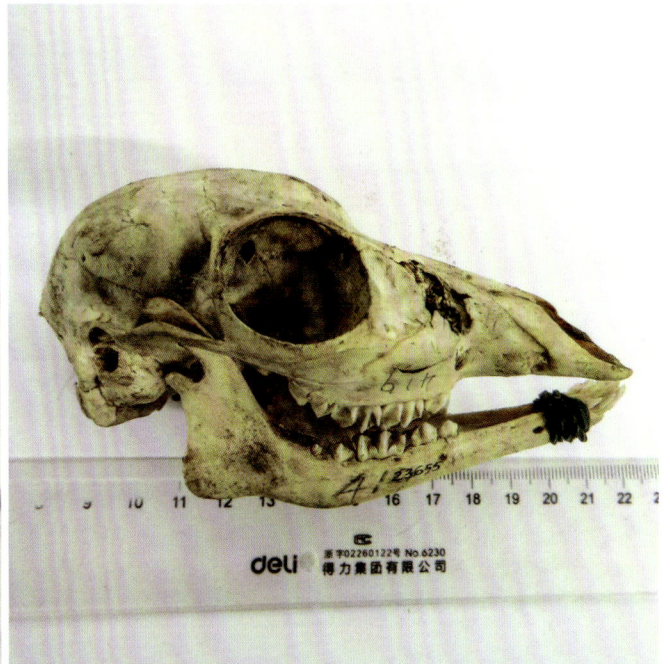

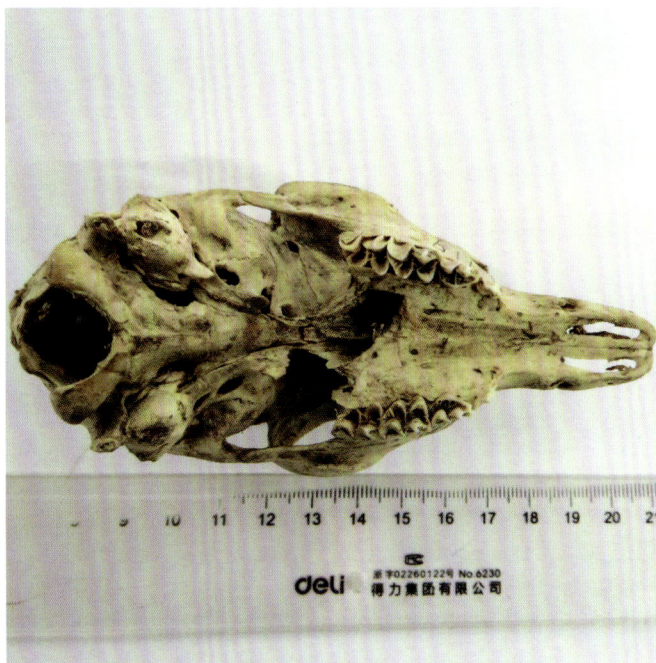

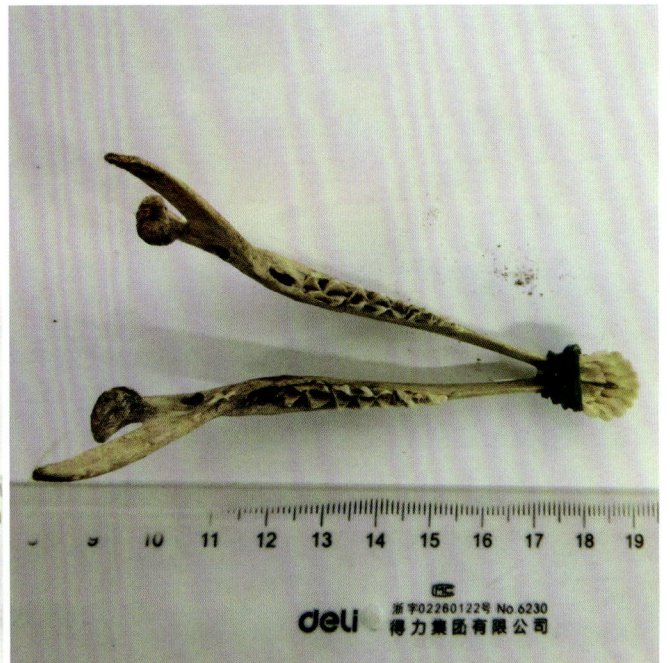

鹿科 Cervidae

赤麂 *Muntiacus vaginalis* (Boddaert, 1785)

【英 文 名】Northern Red Muntjac

【识别特征】脸部较为狭长，前额至吻部毛色微黑。自眶下腺至角分叉处每侧有一条较阔而明显的额腺，额腺较长而最后交叉在一起成"V"字形。四肢细长。雄兽有角，单叉型，角短而直向后伸展，角基长、角尖向内弯，二尖相对。雌兽无角，但其额顶与雄兽生角相应部位微有突起，且着生特殊成束的黑毛，如同角茸。全体毛红棕色，夏毛尤为明显。尾背毛与背毛同色，尾腹毛纯白色。

【身体度量】体重22～33kg，头体长98～120cm，尾长17～20cm，颅全长19～22cm。

【生活习性】常出没在森林四周，尤以早、晚活动最频繁。白昼活动较少，常隐蔽在密林或草丛中。赤麂听觉敏锐，生性胆小。主要取食多种植物的枝叶，也喜食果实、幼叶、嫩芽，有时偷食农田作物（如大豆、花生等），嗜碱性植物。野外见到的赤麂以直接饮水的方式来补充对水分的需求，旱季表现得尤为明显。赤麂生育能力很强，全年繁殖。雌麂8月龄、雄麂12月龄性成熟。一般在1～2月交配，妊娠期6个月，7～8月生产，每胎产1～2仔。有时生殖季节可延至秋末。

【分　　布】国内主要分布于江西、广东、广西、海南、云南、四川、贵州等地。国外分布于文莱、印度尼西亚、马来西亚、泰国。区域灭绝：新加坡。

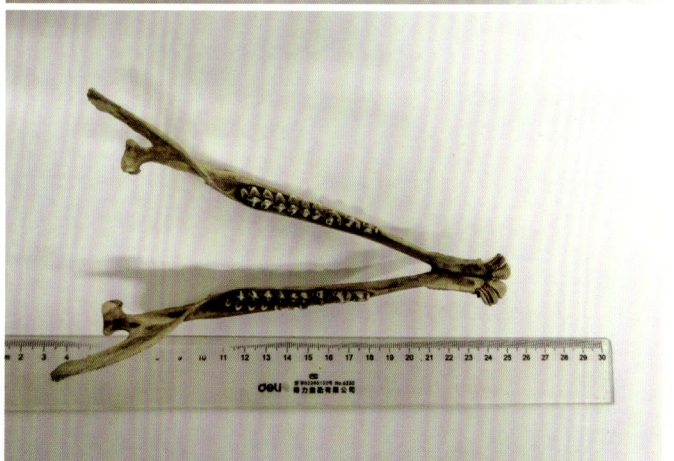

小麂 *Muntiacus reevesi* (Ogilby, 1839)

【英 文 名】Reeves' Muntjac

【识别特征】脸部较短而宽。额腺短而平行。在颈背中央有一条黑线。雄麂具角和獠牙。头骨略呈三角形，前颌骨与鼻骨分离。雌雄均有额腺和眶下腺。毛色多变异，一般上体棕黄色，也有的沙黄色，有的暗棕色。尾背毛与背部同色，尾腹面及腹部毛白色。四肢毛棕黑色。

【身体度量】体重12～16kg，头体长64～87cm，尾长8.5～13cm，角柄长约4cm。

【生活习性】栖息在小丘陵、小山的低谷或森林边缘的灌丛、杂草丛中。喜独居或雌雄同栖。营昼夜活动。取食多种灌木和草本植物的枝叶、幼芽，也吃花和果实。受惊时常发出短促洪亮的吠叫声。7～8月龄性成熟，全年繁殖，每胎多产1仔。

【分　　布】中国特有种，主要分布于我国长江以南各地。

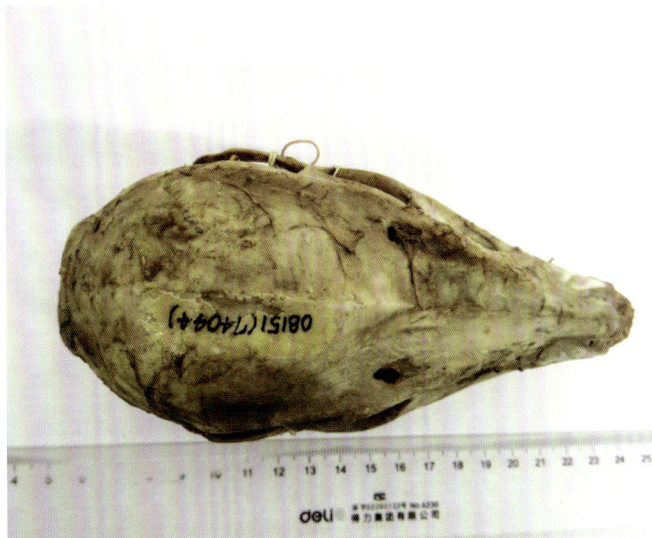

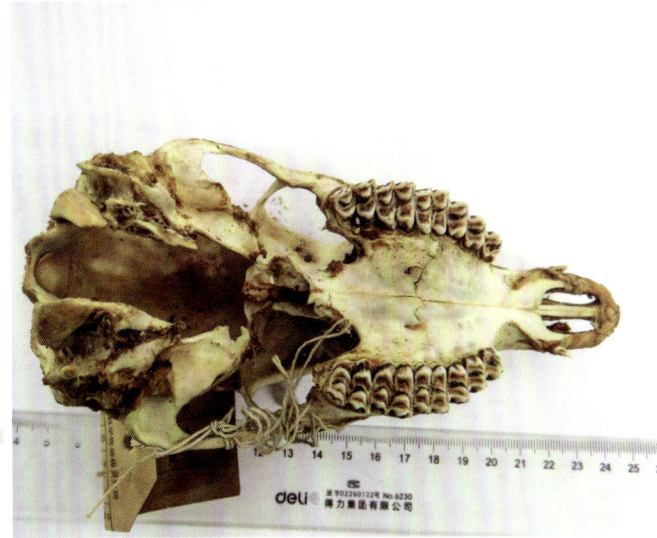

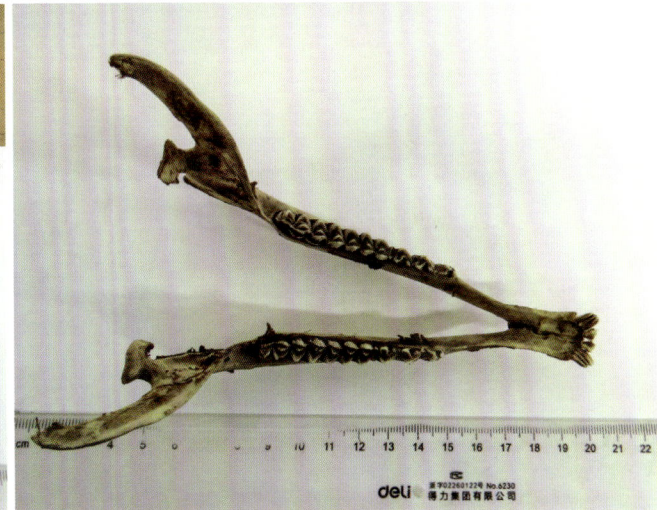

毛冠鹿 *Elaphodus cephalophus* (Milne-Edwards, 1872)

【英文名】Tufted Deer

【识别特征】体型中等，与赤鹿相仿。鼻端裸露。眼较小。无额腺。眶下腺特别显著。耳较圆阔。额部有一簇马蹄形的黑色长毛，故称毛冠鹿，尾短。雄鹿有角，角极短且角冠不分叉，隐藏在额顶上一簇长的黑毛丛中；雌鹿无角。体毛较粗硬，暗褐色或青灰色，冬毛几近于黑色，夏毛赤褐色。

【身体度量】体重30～40kg，头体长110～140cm，尾长9～15cm，颅全长18～21cm。

【生活习性】栖居在山区的丘陵地带，繁茂的竹林、竹阔混交林及茅草坡等处，春天以后多在较高的山上避暑，冬天则下到低山朝阳处避寒。听觉和嗅觉较发达，性情温和。白天隐居于林下灌丛或竹林中，晨昏时出来活动觅食，一般成对活动。草食性，喜食蔷薇科、百合科和杜鹃花科植物。有时进入农田偷食玉米苗、大豆叶、薯类和花生叶等。有明显的繁殖季节，每年4～5月交配，妊娠期6个月，每胎1～2仔。一般1～2岁性成熟，

【分　　布】国内主要分布于浙江、福建、安徽、江西、广东、湖南、湖北、四川、云南等地。国外分布于缅甸北部。

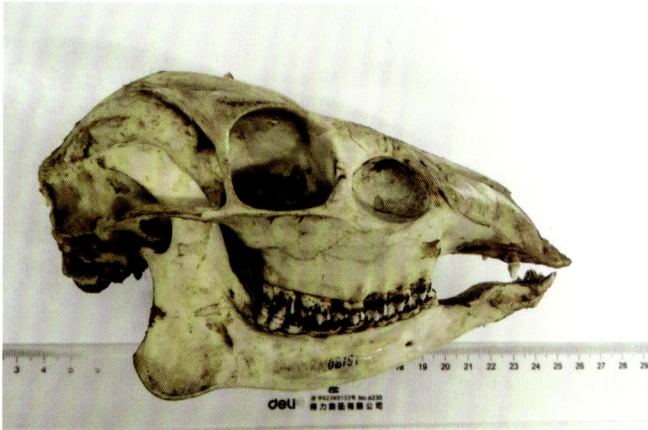

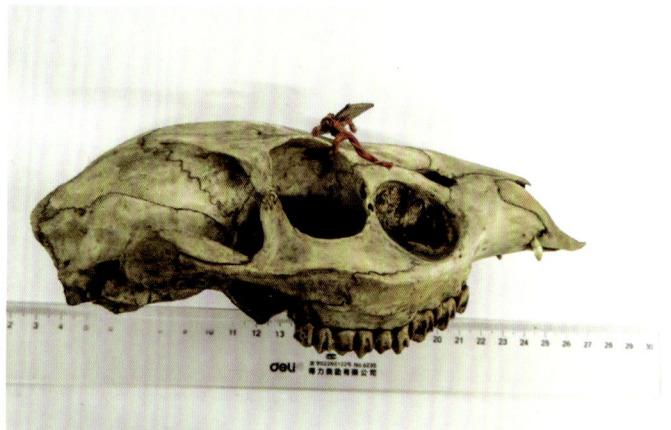

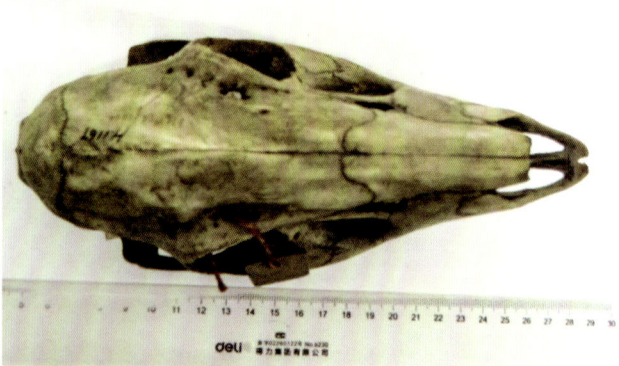

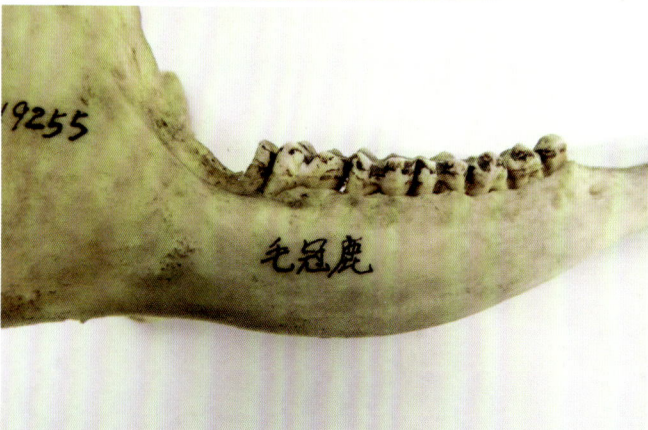

牛科 Bovidae

中华鬣羚 *Capricornis milneedwardsii* (David, 1869)

【**英 文 名**】Chinese Serow

【**识别特征**】体型中等。眶下腺大而明显。雌雄均具角，横切面呈圆形，两角几平行并呈弧形向后伸展，角尖斜向下方。头后、颈背具长的鬣毛。上体褐灰色、灰白色或黑色。腋下和鼠鼷部呈锈黄色或棕白色。四肢腿部外侧为黑灰锈色或栗棕色。尾色与上体色调相同。

【**身体度量**】体重90～120kg，头体长105～170cm，尾长6.5～16cm，颅全长27～31cm，耳长16～17cm。

【**生活习性**】主要生活于热带雨林和亚热带常绿阔叶林带；在青藏高原山区，多栖息于海拔2000～3000m的亚热带阔叶林及暖温带针阔混交林，夏季尚可在海拔3700m的温带阴暗针叶林中活动。平时常在林间大树旁或巨岩下隐蔽和休息。以草类、树叶、菌类和松萝为食。9月下旬至10月交尾，次年春天产仔，每胎1仔。

【**分　　布**】国内分布于西北、西南、华东、华南和华中地区。国外分布于尼泊尔、克什米尔地区、印度、越南、缅甸、泰国、马来西亚等地。

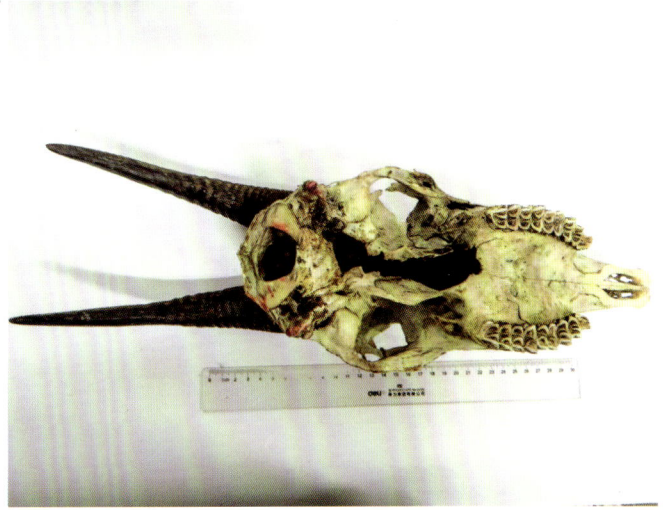

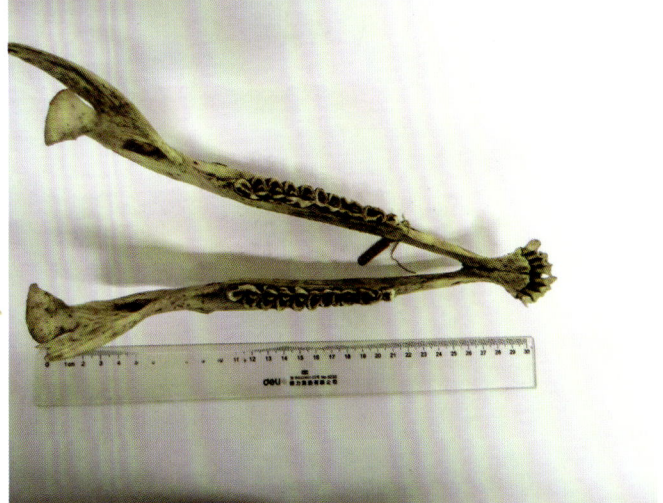

啮齿目 RODENTIA

松鼠科 Sciuridae

隐纹松鼠 *Tamiops swinhoei* (Milne-Edwards, 1874)

【英 文 名】Swinhoe's Striped Squirrel

【识别特征】耳廓边缘为浅黄色，上有黑白色的短簇毛。眼周为浅黄色。身自额部起，向后至尾部呈灰褐色，并杂有黑毛。两颊均有浅黄色条纹延至耳基部。背中央和两侧有明显的黑色、褐黄色及浅黄色的纵纹相间排列，延续至尾部。颈腹部及四肢内侧为灰黄色。尾长稍短于身长，端毛较长。

【身体度量】体重42～90g，头体长110～120mm。

【生活习性】栖息于热带、亚热带和温带森林中。一般在清晨或黄昏时最活跃，成群在树上奔窜，活动范围不大，最喜爱在无花果或木棉树上，也出现在竹林或果园、菜园中。在树杈间、树洞或峭壁缝隙作窝。主要以各种坚果、浆果及昆虫等为食，常与红腹松鼠一起觅食。

【分　　布】国内分布于云南、西藏、广西、贵州。国外分布于不丹、柬埔寨、印度、老挝、缅甸、尼泊尔、泰国、越南。

红腿长吻松鼠 *Dremomys pyrrhomerus* (Thomas, 1895)

【英 文 名】Red-hipped Squirrel

【识别特征】吻较长，似锥形。额顶毛、两颊及颈部橙棕色。耳后斑明显。背毛及腿上部毛暗橄榄黑色，背中央色较深，体侧棕黄色。腹部淡黄白色。尾背毛暗橄榄绿色，尾腹中线毛暗棕红色，尾基腹面及肛门周围带暗棕红色。与其他松鼠科动物相比，该种的主要特征是股外侧、臀部至膝下具显著的锈红色。

【身体度量】体重240～300g，头体长194～215mm，尾长138～152mm。

【生活习性】栖息于亚热带海拔约1000m的杂木林中，主要栖居在密林中。多喜晨、昏活动。主要以摄食各种坚果（如松果、栗及浆果）为主，亦食各种树叶、嫩枝、花芽、鸟卵、雏鸟和昆虫等。每年可繁殖2次，每次产3～4仔，以2仔居多。

【分　　布】中国特有种，分布于贵州、重庆、湖北、湖南、广西、海南、广东、江西、福建、浙江、安徽等地。

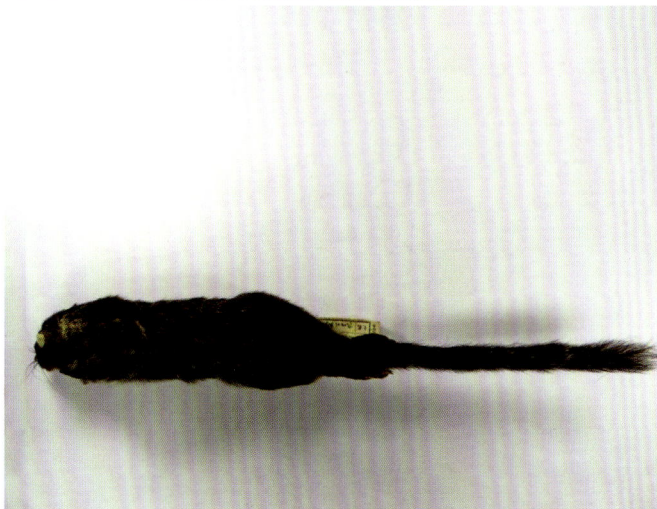

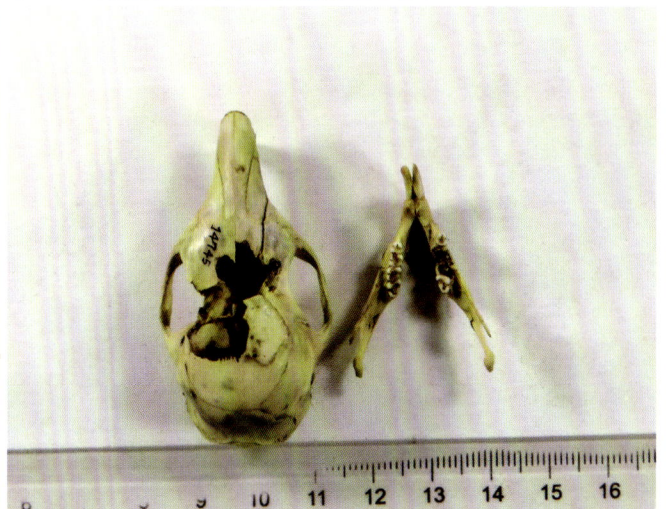

红颊长吻松鼠 *Dremomys rufigenis* **(Blanford, 1878)**

【英 文 名】Asian Red-cheeked Squirrel

【识别特征】体瘦长。吻尖而突出。吻端和两颊锈红色。耳壳灰黑色。体背面、两侧和四肢外侧呈橄榄褐色。体腹面和四肢内侧污白色。尾背面黑色，腹面中央锈红色。最主要特征是两颊锈红色。

【身体度量】体重210～330g，头体长170～210mm，尾长116～165mm。

【生活习性】栖息于海拔1000m以下的亚热带杂木林或河谷灌丛，营半树栖和半地栖生活。白昼活动，尤以晨、昏最活跃。食果实，亦食昆虫。

【分　　布】国内分布于四川、贵州、湖北、云南、广西、广东、海南、浙江、江西等地。国外分布于泰国、缅甸、印度。

珀氏长吻松鼠 *Dremomys pernyi* (Milne-Edwards, 1867)

【英 文 名】Perny's Long-nosed Squirrel

【识别特征】颅骨吻部狭长。耳无毛簇。眼周具淡棕色眼圈。体背、体侧及四肢外侧多为橄榄绿色，有的也带褐色。尾基部下面锈红色，其余为灰浅黄色。

【身体度量】体重130~230g，头体长185~220mm，尾长140~180mm。

【生活习性】栖息在亚热带森林和灌丛的山谷、溪沟旁的乔木上层和倒伏的大树。晨昏活动，多在山谷、溪流河边的乔木中下层或倒伏的大树下活动。以多种坚果、栗果、昆虫和植物嫩叶为食。

【分　　布】国内分布于福建、浙江、江西、安徽南部和西部、湖南、广西、贵州、湖北、陕西汉中、四川、云南等地。国外分布于印度阿萨姆邦、缅甸。

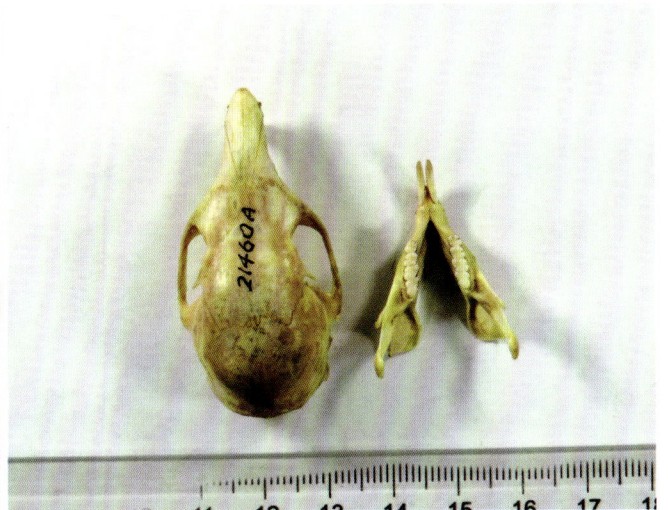

赤腹松鼠 *Callosciurus erythraeus* (Pallas, 1779)

【英 文 名】Pallas's Squirrel

【识别特征】吻短。耳小而圆。体背自吻部至身体后部为橄榄黄灰色。体侧、四肢外侧及足背与背部同色。腹面栗红色或绣红色、棕黄色或灰白色。尾毛背腹面几乎同色，尾后端可见黑黄相间环纹4～5个。

【身体度量】体重330～360g，头体长190～250mm，尾长160～210mm。

【生活习性】多栖居于热带和亚热带雨林、季雨林、常绿阔叶林。营巢于乔木树洞或树顶密枝间。有时还能利用鸟类弃巢加以改造，或在近山区居民点住房的屋檐上及天花板里作巢。食性较杂，以桃、李、山梨、龙眼、荔枝、枇杷、葡萄等为食，也吃农作物、昆虫、鸟卵、雏鸟及蜥蜴等。

【分　　布】我国南方各地均有分布。国外分布于缅甸、印度、不丹、泰国、柬埔寨、老挝、越南、马来西亚等地。

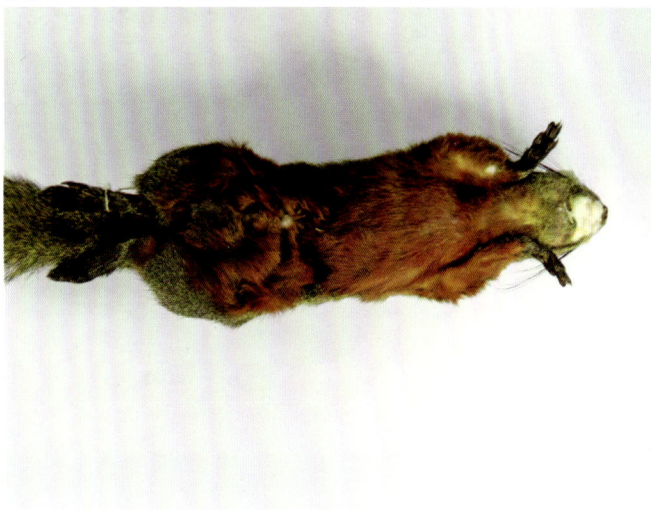

岩松鼠 *Sciurotamias davidianus* (Milne-Edwards, 1867)

【英文名】Pére David's Rock Squirrel

【识别特征】有颊囊。尾毛蓬松而较背毛稀疏。眼与耳间黄色。鼻前部色深黑。全身由头至尾基及尾梢均为灰黑黄色。颈部略带白色。背部及四肢外侧均为青黄色。腹面及内侧为浅灰黄色。背毛基灰色，毛尖浅黄色，中间混有一定数量的全黑色针毛。

【身体度量】体重220～300g，头体长180～250mm，尾长100～145mm。

【生活习性】性机警，胆大，多栖息于山地、丘陵多岩石或裸岩等地的油松林、针阔混交林、阔叶林、果树林、灌木林等较开阔而不很郁闭的生境。半树栖与半地栖。以野生植物种子、山桃和杏等的果实为主要食物，有时也会盗食农作物。

【分　　布】中国特有种。分布于我国大部分地区。

灰头小鼯鼠 *Petaurista caniceps* (Gray, 1842)

【英 文 名】Spotted Giant Flying Squirrel

【识别特征】体型中等。头短。眼周有橙红色圈。耳朵椭圆形，外缘各有一簇黑色长毛，耳背上方无黑色丛毛，耳内侧具一淡红色斑。头部和两颊为淡褐灰色。体上半部毛呈暗黄褐色，体下面及腹面为淡黄褐色。尾短于头体长，毛长，呈黄褐色。

【身体度量】体重450～580g，头体长290～370mm，尾长360～410mm，耳长45～49mm。

【生活习性】主要栖息于热带、亚热带森林。夜行性。大部分时间都待在树上，白天在树洞内休息，晚上出来活动。喜欢安静，一般独居生活。行动敏捷，善于攀爬，前后肢之间有宽而多毛的飞膜，借此可以在林间滑翔。主要采食嫩叶、种子、果实及花芽。5月繁殖产仔，每胎1～4仔。

【分　　布】国内主要分布于西藏、云南、四川等地。国外分布于尼泊尔、印度、缅甸、马来西亚、印度尼西亚等地。

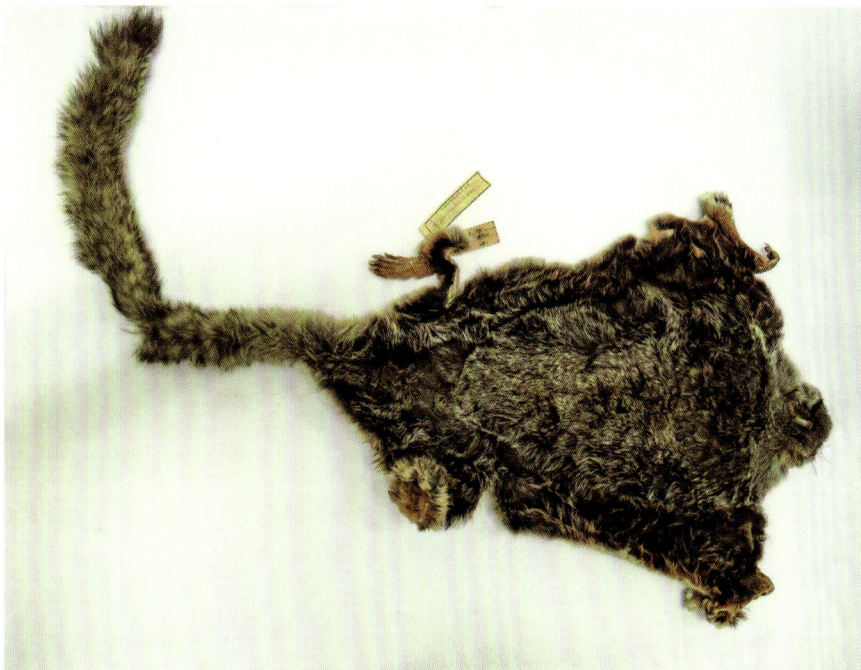

红背鼯鼠 *Petaurista petaurista* (Pallas, 1766)

【英 文 名】Common Giant Flying Squirrel

【识别特征】颅骨宽短。吻部很短。身体背面、皮翼、足和尾上面均呈闪亮赤褐色至暗栗红色。颈背及体背面中间部分毛色较深暗。体腹面带粉红色或橙红色，至皮翼边缘下面逐渐成为赤褐色，腹部两侧白色。耳壳后有少许黑色毛。眼周及颊部毛黑色，颏有一小褐斑。

【身体度量】体重约600g，头体长360～480mm，尾长330～425mm，后足长68～75mm。

【生活习性】栖息于海拔1500～2400m的山地亚热带常绿阔叶林与针叶林中。在树洞中营巢，一年四季均活动。昼间一般藏匿于离地面20m以上的树洞或蜷缩在树上，夜晚利用皮翼滑翔于树间。觅食于针叶树、阔叶树树冠下部的树枝间，主要以水果、坚果、嫩枝、嫩草为食。有时也吃昆虫及其幼虫。每年2～4月为交配期。怀孕期约75天，每年一胎，每胎1～3仔。

【分　　布】国内主要分布于福建、广东、四川、贵州、西藏东南部、台湾。国外分布于阿富汗、文莱、印度、印度尼西亚、马来西亚、缅甸、尼泊尔、泰国等地。

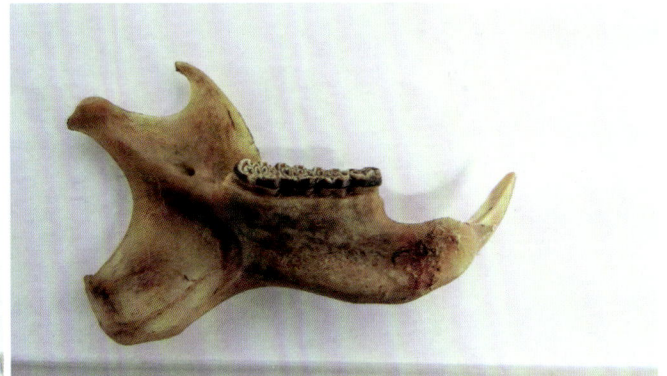

红白鼯鼠 *Petaurista alborufus* (Milne-Edwards, 1870)

【英文名】Red and White Giant Flying Squirrel

【识别特征】体型较大。头骨粗壮，有十分发达的三角形眶后突。毛被厚密而具光泽。头白色。颏、喉上部、颈两侧及胸为白色。上臂皮翼前缘近肩部亦为白色。体背面、耳外侧基部和肩及其余部分均呈栗色至浅栗色。背后部至尾基部有一大片浅黄色或花白色毛区。背浅栗色带有光泽，皮翼上面栗褐色，下面橙赤色。体腹面淡橙赤褐色。尾基有粉红色或米黄色的环。

【身体度量】体重约2kg，头体长350～580mm，尾长430～615mm，后足长78～90mm，耳长47～59mm，颅全长78～83mm。

【生活习性】栖息在山地稠密的丘陵森林中，通常营巢于高大的树洞里，也可在石灰岩的悬崖峭壁上。夜间活动，通过爬到很高的树上然后滑翔来覆盖巢区，滑翔距离可达400m。食坚果（如橡树果）、水果和树叶，也食昆虫、幼虫或鸟卵。每年2～4月为交配期，妊娠期75天。每年产一胎，每胎1～3仔，少数达到5仔。

【分　布】国内遍及中部和南部。国外分布于缅甸、印度阿萨姆邦、泰国。

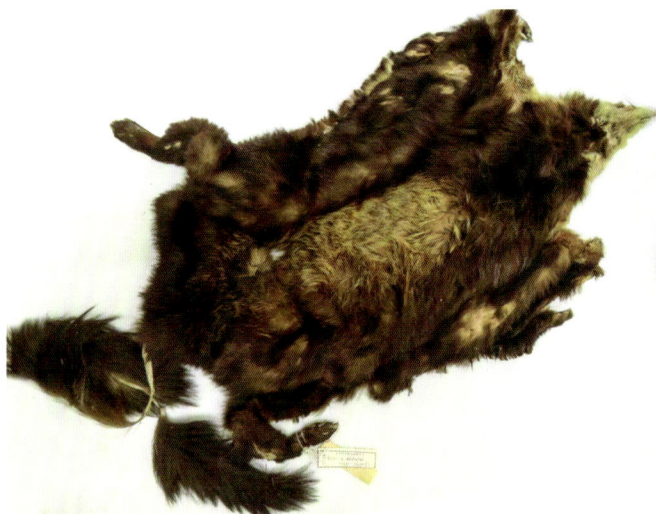

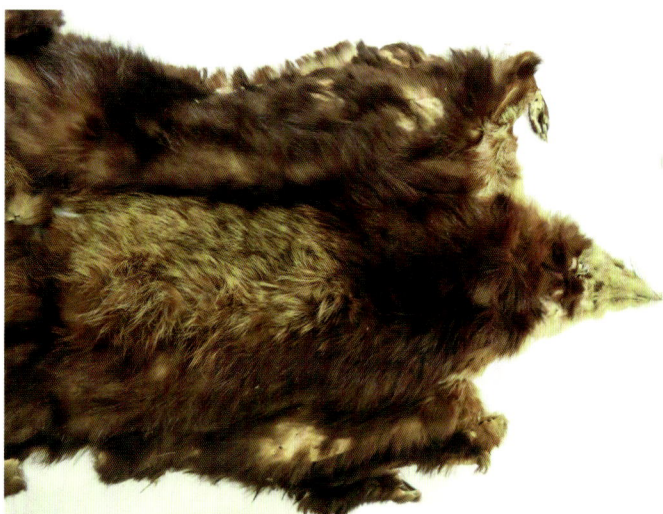

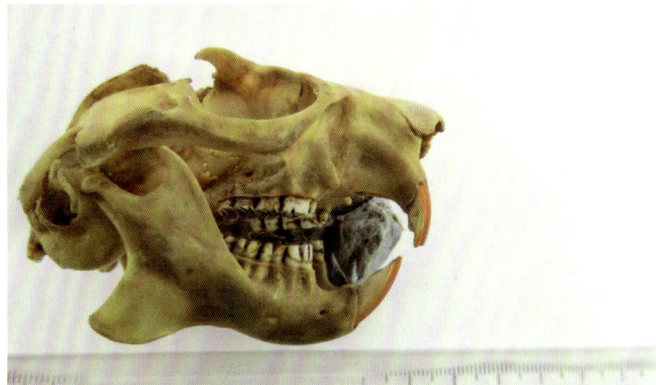

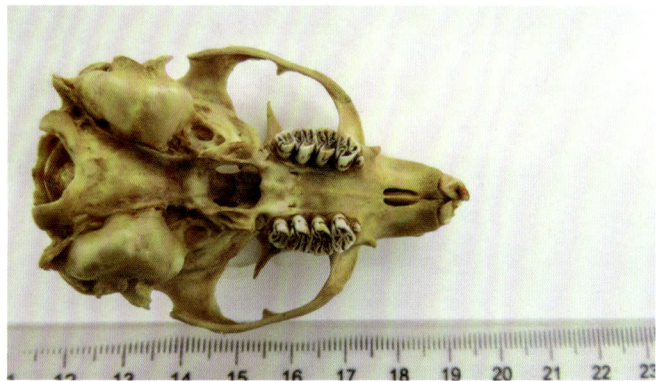

霜背大鼯鼠 *Petaurista philippensis* (Elliot, 1839)

【英 文 名】Large Brown Flying Squirrel

【识别特征】体型较大。整个背毛暗栗色至黑色，带有白色毛尖，所以整个背部显灰色。腹毛黄褐色至米黄色，毛有点稀疏。尾很长，全黑色。耳黑色，但在前表面感觉带有红色。

【身体度量】头体长410～610mm，尾长550～691mm，后足长65～90mm，耳长45～47mm，颅全长65～82mm。

【生活习性】栖息于海拔500～2000m的常绿阔叶林和针阔混交林中。筑巢于高大的树冠中。夜行性。善攀爬和滑翔。以嫩叶、坚果、浆果等为食。繁殖具有季节性，高峰期在春季和秋季，每个繁殖季节约有半数雌性怀孕。通常每胎1仔，偶有2仔。

【分　　布】国内分布于南部。国外分布于印度、斯里兰卡、中南半岛。

黑白飞鼠 *Hylopetes alboniger* (Hodgson, 1836)

【英 文 名】Particolored Flying Squirrel

【识别特征】喉部白色，向前延伸到脸颊上面。耳后和眼下形成一灰白色"半颈圈"，耳两边有细小黑毛。背毛深赤褐色，四肢、皮膜背面和尾下边渐变成稍带黑色。腹毛白色到奶油色。

【身体度量】头体长175～247mm，尾长172～227mm，后足长36～45mm，耳长27～36mm，颅全长41～52mm。

【生活习性】主要栖息于海拔150～3500m的亚热带阔叶林或针阔混交林。巢筑在树洞中，洞口距离地面10m以内。树栖性和夜行性。白昼在巢中休息，于黄昏和晨曦活动。活善于滑翔，此外还能爬树。以水果、干果、树叶和芽为主要食物。繁殖季从4月一直到6月中旬，妊娠期约40天。每年产一胎，每胎2～3仔。

【分　　布】广泛分布于中国。国外分布于孟加拉国、不丹、柬埔寨、印度、老挝、缅甸、尼泊尔、泰国、越南。

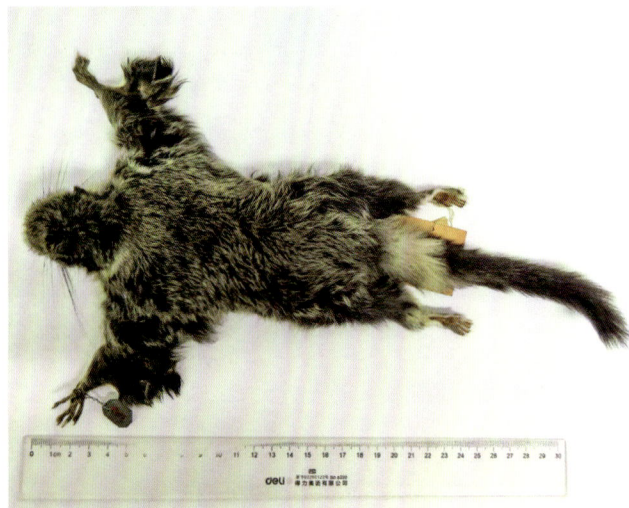

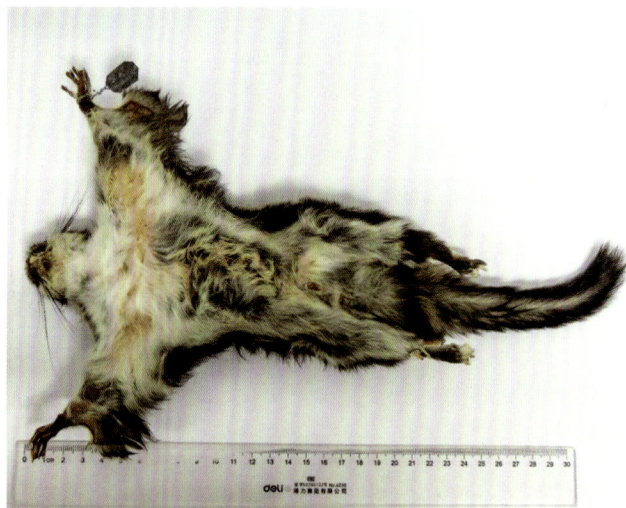

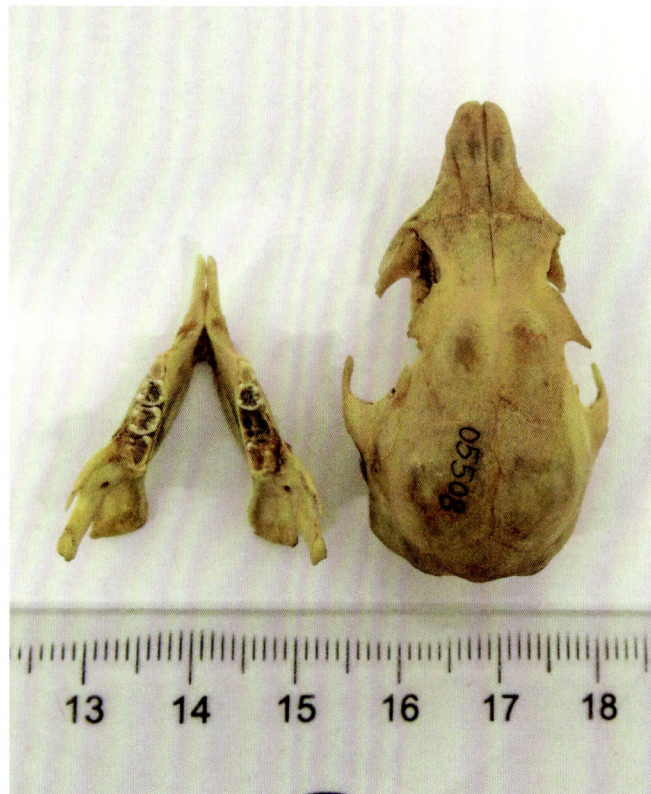

海南小飞鼠 *Hylopetes phayrei* (Blyth, 1859)

【英文名】Indochinese Flying Squirrel

【识别特征】小型飞松鼠。耳基无细小的簇毛。颊白色，延伸至耳后。背毛黄褐色。腹毛大体白色染有黄色。尾扁平。

【身体度量】头体长144～173mm，尾长128～159mm，后足长32～35mm，耳长23～25mm，颅全长36～42mm。

【生活习性】主要栖息在较低的山地森林和滥交落叶林。通常利用枯木和高树的洞隙作巢穴。夜行性。白天隐藏在树洞中休息，夜间外出觅食。主要以植物为食。

【分　　布】中国特有种。分布于海南、贵州、广西、福建。

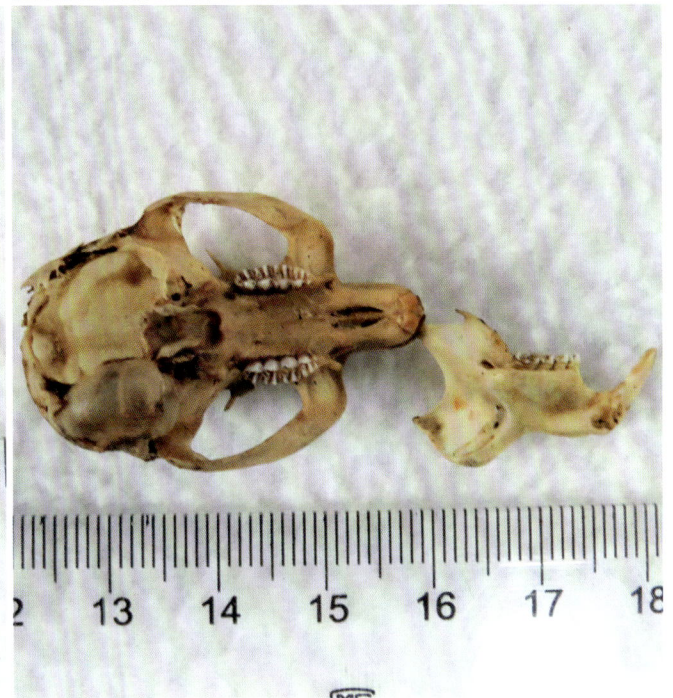

复齿鼯鼠 *Trogopterus xanthipes* (Milne-Edwards, 1867)

【英 文 名】Complex-toothed Flying Squirrel

【识别特征】头圆。吻短。眼大。耳圆。趾长、爪尖。头部和颊部毛灰色。耳基部有细长的黑色簇毛，耳外缘橘黄色。体背、耳背与足背灰黄褐色，毛基深灰色。腹部灰黄色，飞膜边缘毛棕红色。尾扁平，略短于头体长，毛长而蓬松，土灰黄色，端毛黑褐色。

【身体度量】体重300～400g，头体长200～300mm，尾长260～270mm，后足长56～60mm，耳长30～37mm，颅全长55～61mm。

【生活习性】栖息于山地柏树林区，常在陡峭的石洞、石缝、树洞等处营造巢穴。夜行性，性情孤僻，喜安静。白天隐匿巢内睡觉，傍晚出巢，从洞口滑翔至树上觅食。主要采食侧柏、油松的树叶、皮、籽仁，山桃、杏的核仁，也采食其他植物的叶、皮和果。12月下旬至1月为发情期，从发情到交配需4～6天，妊娠期74～82天。每年产一胎，每胎1～4仔。

【分　　布】中国特有种。分布于河北、吉林、山西、陕西、甘肃、湖北、四川、云南、贵州、西藏、青海等地。

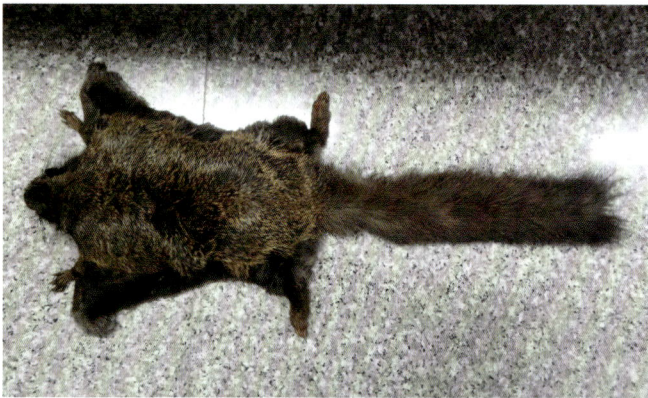

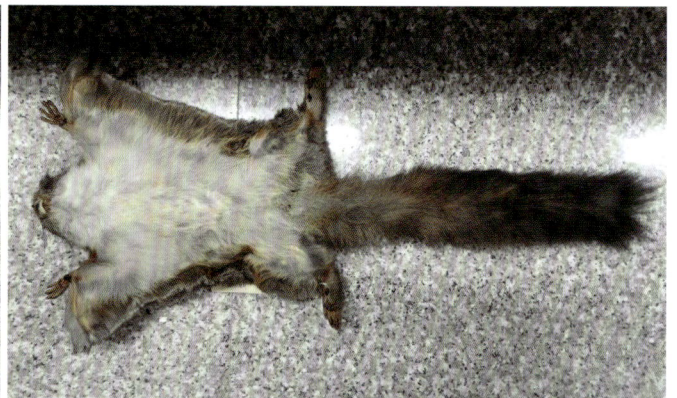

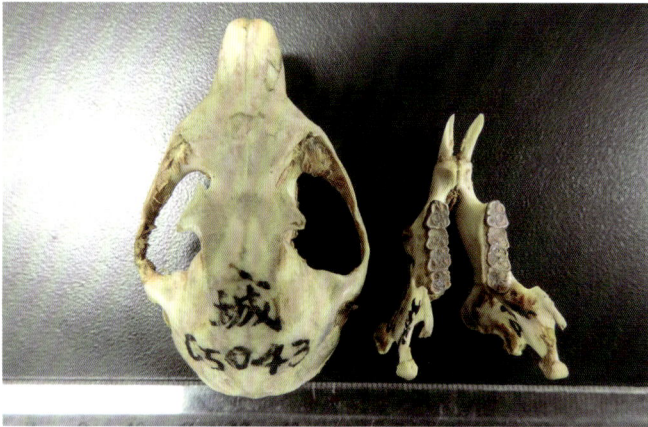

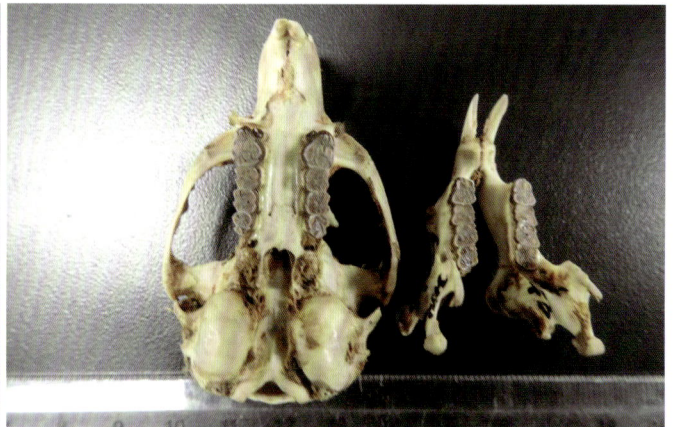

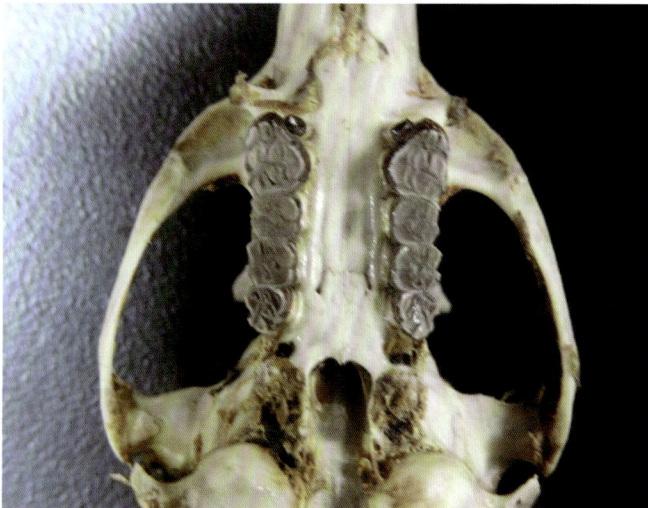

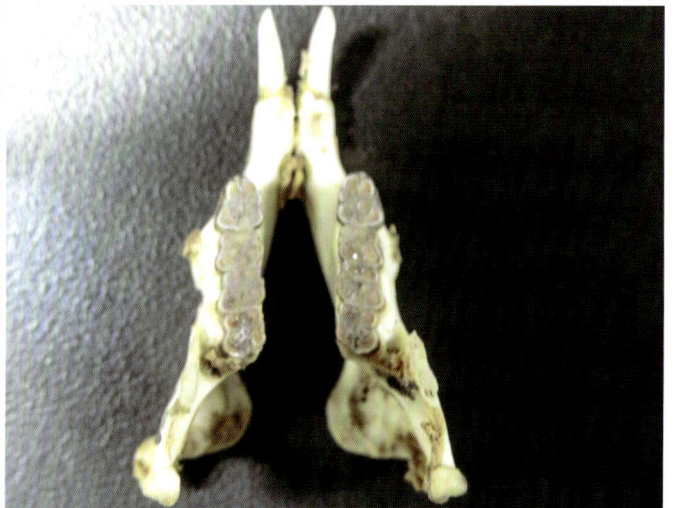

毛耳飞鼠 *Belomys pearsonii* (Gray, 1842)

【英 文 名】Hairy-footed Flying Squirrel

【识别特征】额部狭小。眼眶长，枕大孔小。听泡大，左右听泡间距相当于翼间突孔最大宽度。门齿孔小，较翼间孔明显狭窄。颊齿列短，齿冠低，复杂的齿突显见。耳较大，在其基部有细丝状黑毛簇；皮膜背面发黑，腹面暗橘黄色带灰白色，基部和腹毛暗灰色。体腹面一般为淡赤色或浅棕黄色。尾较短而蓬松。

【身体度量】体重约150g，头体长160～260mm，尾长102～158mm，后足长31～47mm，耳长31～40mm，颅全长40～44mm。

【生活习性】多以树洞为穴，巢直径约20cm，椭圆，巢顶部有遮掩体，巢的结构颇精致。无冬眠习性，一般成对夜间活动。黄昏出洞寻食，主食多种植物的嫩枝、树叶、花芽和果实。繁殖期4～8月，每年一胎，每胎2～4仔。

【分　　布】一种热带型的小鼯鼠。国内分布于南部。国外分布于越南、泰国、缅甸、尼泊尔。

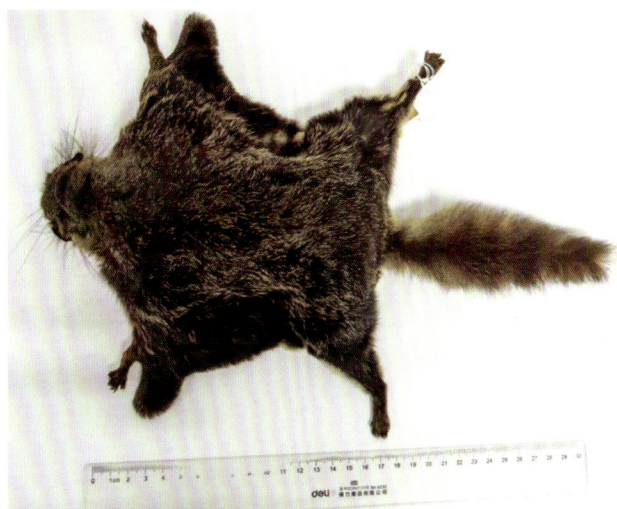

仓鼠科 Cricetidae

西南绒鼠 *Eothenomys custos* (Thomas, 1912)

【英 文 名】Southwest China Red-backed Vole

【识别特征】体型通常较小。尾较短。背毛深棕色。腹毛浅灰色。前后足背面深棕色带有一些苍白色。尾两色，上面深棕色，下面浅白色。

【身体度量】头体长81～105mm，尾长35～59mm，后足长16～20mm，耳长12～14mm。

【生活习性】栖息在海拔2500～4800m的山地和森林，尤其沿河岸常见；也能在灌木丛、竹林、开阔和多石的草地中发现。以树叶和树皮为食，也食小昆虫。繁殖期从初夏到秋末。

【分　　布】中国特有种。分布于云南西北部、四川南部。

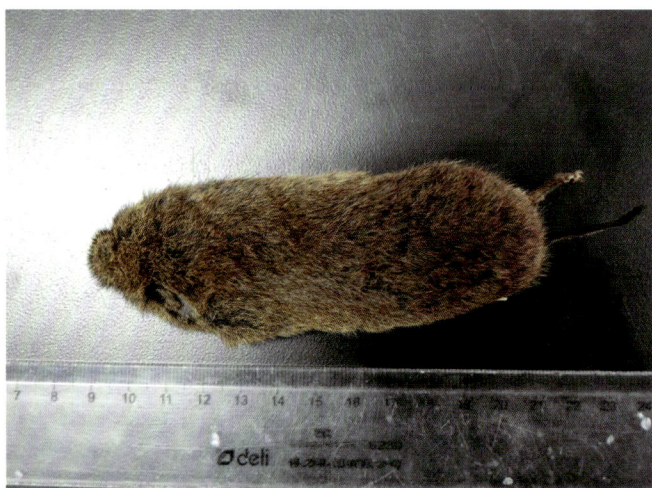

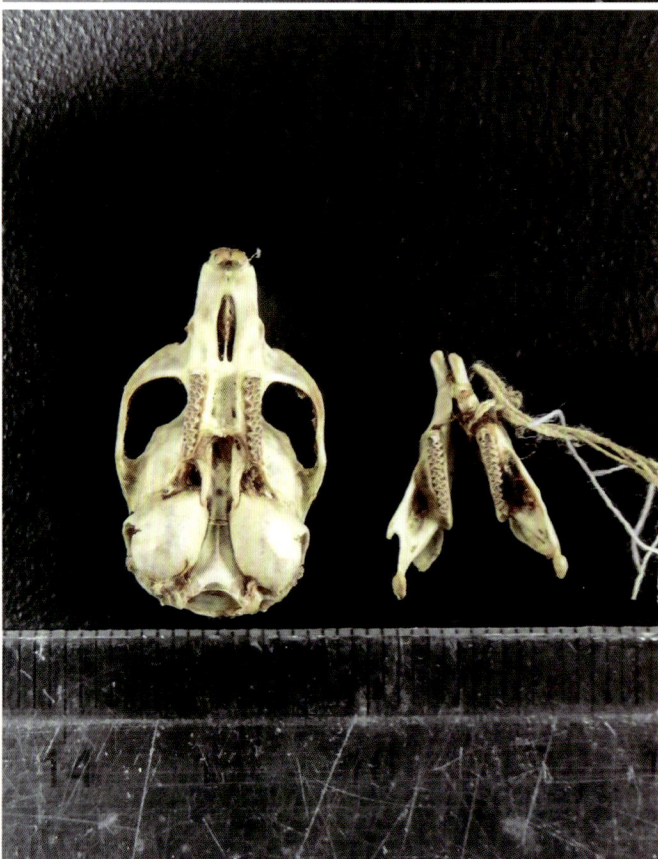

黑腹绒鼠 *Eothenomys melanogaster* (Milne-Edwards, 1871)

【英 文 名】Pére David's Red-backed Vole

【识别特征】身体较粗壮。尾较短。背毛深棕色，一般很接近黑色，毛基黑灰色，毛尖赭褐色，背毛中杂有全黑色毛。口鼻部毛黑棕色。腹毛暗灰色，有时稍有米黄色或棕色。足背黑棕色。

【身体度量】头体长87～108mm，尾长21～42mm，后足长15～17mm，耳长10～12mm。

【生活习性】主要生活在中国南部山地森林及草甸草原，通常栖息在海拔700～3000m的针叶林杜鹃花属灌木丛。夜间活动。无冬眠习性。以植物绿色部分为食，也啃食树皮及少量昆虫。每年产2胎，每胎2～6仔。2～3月开始繁殖，然后9～10月再次繁殖，种群高峰在5～6月和9～10月。

【分　　布】国内分布于陕西、贵州、安徽、云南、甘肃、四川、广东、福建、浙江、台湾等地。国外分布于印度、缅甸、泰国、越南。

大绒鼠 *Eothenomys miletus* (Thomas, 1914)

【英 文 名】Yunnan Red-backed Vole

【识别特征】体型偏小而短粗，较黑腹绒鼠大。吻短而钝。四肢和尾都短，尾长短于头体长之半。体背面深赤褐色。体腹面蓝灰色或灰色，有时略带土黄色。足背面和尾背面暗褐色，尾腹面较淡。

【身体度量】头体长110～120mm，尾长40～50mm，后足长18～21mm，耳长12～15mm，颅全长大于25.5mm。

【生活习性】栖息于海拔1330～1618m的灌木丛、耕作区、周边的荒草地。以夜间活动为主，洞栖，杂食性。每年产2～3胎，每胎通常2～4仔，一年中除冬末春初外均是繁殖期，但仍显现夏峰期（约5月）和秋峰期（约9月），以秋峰期繁殖率最高。

【分　　布】中国特有种。已知分布于湖北、四川、云南、贵州。

东方田鼠 *Microtus fortis* (Büchner, 1889)

【英文名】Reed Vole

【识别特征】尾巴较长，尾毛较密。后足较长，足掌基部有5个跖垫（有时有1个退化的第六跖垫）。背毛黄褐色、褐色或黑褐色，毛基暗蓝灰色或灰黑色，毛尖黄褐色或褐色。腹面一般灰白色、淡黄褐色或灰褐色。前后足背面淡棕色。尾背面深棕色，腹面浅白色。

【身体度量】头体长120～139mm，尾长48～67mm，后足长22～25mm，耳长13～15mm。

【生活习性】一般栖息在潮湿环境，尤其是湖岸、河岸和溪边周围长满植物的地方。典型的穴居类型，挖不同宽度和深度的洞。不冬眠，昼夜都出洞活动。取食植物，也吃昆虫和小型鼠类。繁殖期从4月到11月，妊娠期约20天。在有利的年份每年可产6胎，每胎间隔40～50天，每胎5仔。雌体3.5～4个月达到性成熟，雄体稍晚一些。

【分　　布】国内广布于温带地区。国外分布于俄罗斯、朝鲜。

鼠科 Muridae

小泡灰鼠 *Berylmys manipulus* (Thomas, 1916)

【英 文 名】Manipur White-toothed Rat

【识别特征】体型粗大。尾粗而长，远远超过头体长。耳大而薄。口须刚硬，特长。后足较长。乳头4对，胸部两对，鼠蹊部两对。毛被相当短而柔滑。背毛自头顶至尾基部为茶褐色，背部中央夹杂有黑色针毛，毛色较深，略显黑褐色。体侧毛略呈棕褐色。针毛基部灰色，尖端黑色，冬毛则成暗灰褐色。腹毛纯白色，背腹之间有明显的分界线。前后足的背面为棕褐色。尾部背腹二色分明，背面为黑褐色，腹面为纯白色，近尾尖1/3处略显灰白色。吻部及眼周围略显暗棕色。眼睑上有长毛。

【身体度量】体重230～480g，头体长210～290mm，尾长264～315mm，后足长42～58mm，耳长28～32mm，颅全长54～58mm。

【生活习性】多栖息在中低山区阔叶林、针阔混交林稀疏的林缘地带，或在高山密林的山谷里。窝巢多筑在岩缝中，由于经常出入洞穴，故洞口磨得十分光滑，且留有活动的足迹和粪便，洞外草丛中常见有出外往返活动的跑道。春夏季活动较频繁。性凶猛，攀缘能力强。杂食性。主要食物是植物的茎、叶及幼嫩细根，也常取食玉米、红薯、稻谷及各种野果。每年产2胎，每胎2～4仔。

【分　　布】国内分布于西藏、云南、甘肃、浙江、海南。国外分布于印度、马来西亚、缅甸、老挝、泰国、越南等地。

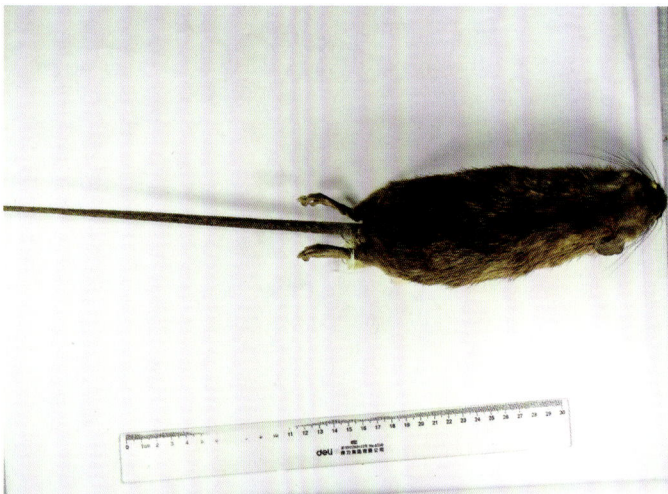

黑线姬鼠 *Apodemus agrarius* (Pallas, 1771)

【英 文 名】Striped Field Mouse

【识别特征】身材纤细灵巧。吻部较为狭长，前端较尖细。耳与头和肩部周围的毛色没有不同。尾接近或稍短于头体长，背毛浅黄棕色到浅红棕色，通常有细窄的浅黑棕色背中线条纹，体侧毛被变得有点淡黄棕色。腹毛浅灰色。前后足背面白色。尾背毛深棕色，腹毛浅棕色。

【身体度量】体重29～38g，头体长80～113mm，尾长72～115mm，后足长19～22mm，耳长12～15mm，颅全长24～48mm。

【生活习性】栖息在海拔低于1000m的农耕地和林区。筑巢于农业地埂、土堤、林缘和田间空地，林区的草甸、谷地，以及居民区的菜地和柴草垛里，还经常进入居民住宅内过冬。食性较杂，以植物性食物为主。繁殖力较强，每年产3～5胎，每胎4～8仔，以5仔居多，最多可达10仔。仔鼠3个月发育成熟，平均寿命1年半左右。

【分　　　布】国内分布于辽宁、贵州、云南、西藏、上海、浙江、江苏、江西、湖南、广东、香港、海南、广西、福建、台湾等地。国外分布于朝鲜、蒙古、俄罗斯至欧洲西部。

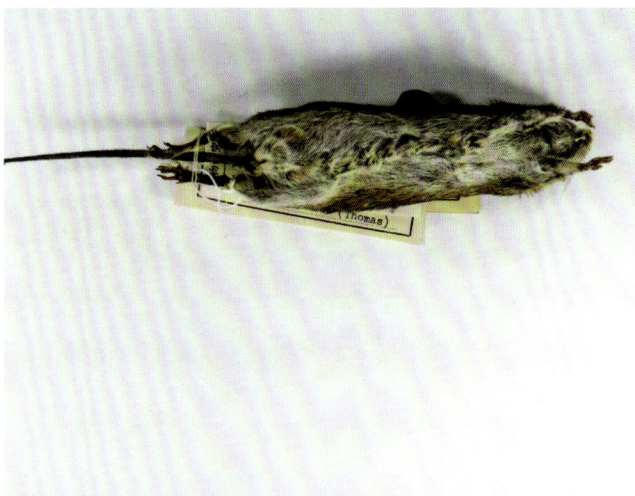

齐氏姬鼠 *Apodemus chevrieri* (Milne-Edwards, 1868)

【英 文 名】Chevrier's Field Mouse

【识别特征】体形略大。耳小。体背及四肢外侧呈赭褐色而偏赤，其间杂有黑毛，毛基深灰色。眼周毛色鲜淡，大多数个体构成淡色环。下体从颏到肛门及四肢内侧毛白色而带深灰毛基。足背毛灰白色。尾背毛黑棕色，腹毛白色；尾毛短细而疏，未能遮盖鳞环。

【身体度量】体重40g左右，头体长88～110mm，尾长83～105mm，后足长22～25mm，耳长14～16mm，颅全长26～30mm。

【生活习性】栖息于海拔2000m以下的农耕地、草地原野和开阔林地。昼行性。主食种子，也吃昆虫，无贮粮习性。一般一雌一雄成体或与它们的幼仔居住在一起。繁殖期5～11月，每胎3～6仔。

【分　　布】中国特有种。分布于云南、四川、贵州、重庆、湖北西部、陕西南部、甘肃南部、湖南。

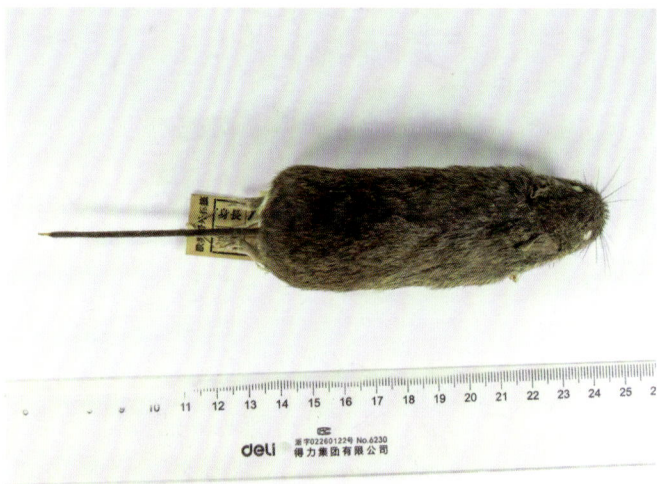

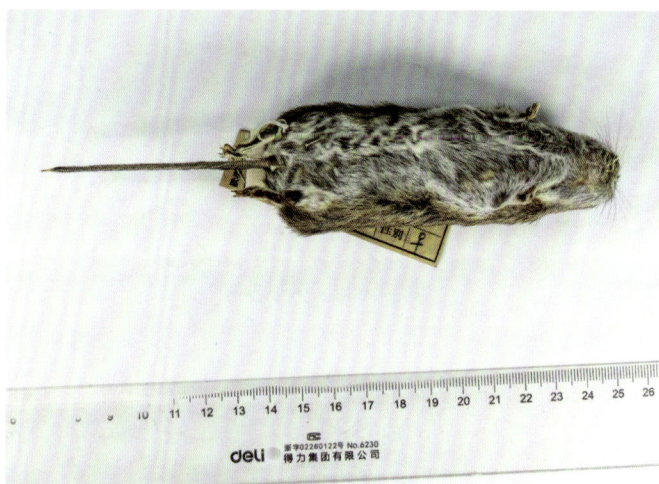

中华姬鼠 *Apodemus draco* (Barrett-Hamilton, 1900)

【英 文 名】South China Field Mouse

【识别特征】体细长。耳较黑线姬鼠略大而薄，耳壳较大而薄，耳前折可达眼部，棕褐色。背毛棕黄色，由两种毛组成，一种是较硬的粗毛，毛基灰白色，毛尖棕黄色；另一种为柔毛，毛基灰黑色，毛尖棕黄色。腹毛灰白色，毛基灰色，毛尖白色。背腹毛交界处分界明显。前后足背面白色。尾背面棕褐色，腹面棕黄色。

【身体度量】体重20g左右，头体长88～106mm，尾长80～102mm，后足长20～23mm，耳长15～17mm，颅全长24～28mm。

【生活习性】生活在常绿阔叶林、针阔混交林，栖息地海拔高达3000m。以植物性食物为主，如种子和嫩枝叶，偶尔取食昆虫。繁殖期4～11月，春末秋初为繁殖高峰期。孕期26～28天，每年产2～3胎，每胎最少3仔，最多10仔，平均5～7仔。

【分　　布】林区优势鼠种。国内分布于福建、台湾、四川、云南、西藏、陕西、甘肃、黑龙江、河北、山西、湖北、宁夏等地。国外分布于缅甸、印度东北部。

板齿鼠 *Bandicota indica* (Bechstein, 1800)

【英文名】Greater Bandicoot Rat

【识别特征】体型很大。毛粗。尾短，稍短于头体长。爪浅棕色，强健发达。背毛粗浓，暗棕色，沿背中线有黑色粗长针毛。体侧呈浅棕灰色。腹毛暗棕灰色。尾毛暗棕色到黑色，覆有短而硬的刚毛。前后足背面暗棕色。

【身体度量】体重500～1000g，头体长180～320mm，尾长190～280mm，后足长46～60mm，耳长25～32mm，颅全长48.6～63.6mm。

【生活习性】喜栖息于潮湿、近水而较高的地方，如海堤、河堤、小土丘、竹林、山麓、茅草丛、水塘边、田基的豁口、渠边、草丛下。夜行性。以植物性食物为主，特别喜欢甘蔗、甘薯和营养价值较高的植物种子，也吃软体动物、蟹、鱼、昆虫、蚯蚓等。一般每胎5～7仔，子代170天性成熟。

【分　　布】国内分布于广东、海南、广西、福建、台湾、云南、贵州、四川南端。国外分布于孟加拉国、柬埔寨、印度、老挝、马来西亚、缅甸、尼泊尔、斯里兰卡、泰国、越南，被引入印度尼西亚爪哇岛。

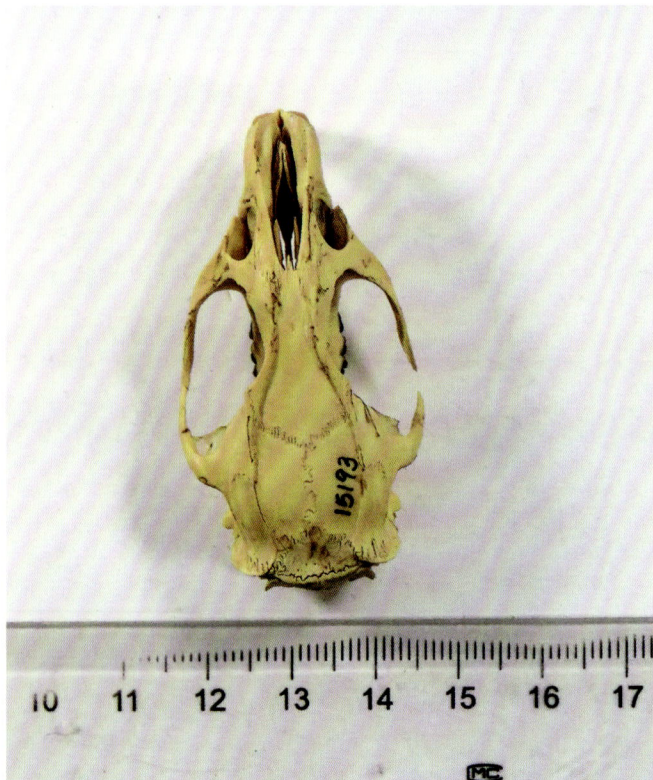

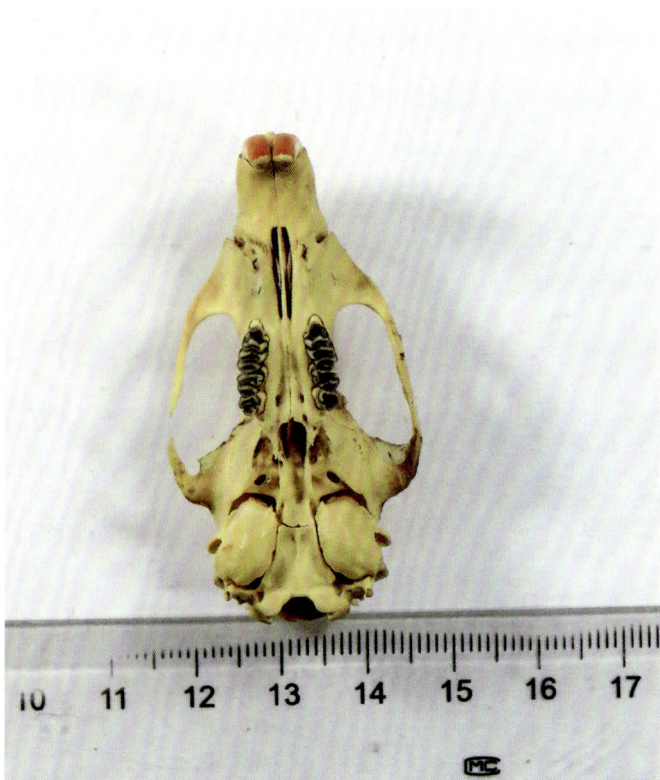

青毛巨鼠 *Berylmys bowersi* **(Anderson, 1879)**

【英 文 名】Bower's White-toothed Rat

【识别特征】体型较大，体较细长。尾长为头体长的105%～115%。后足长一般大于50mm。耳大而薄，向前拉可以遮住眼部。体背毛青褐色，由青灰色的绒毛和下半为青褐色、上半为灰白色的硬刺毛组成，背部中央呈青褐色，两侧呈青灰色。腹毛及四肢内侧均为白色。背腹毛色在体侧有明显的分界线。前足背面灰白色，后足背面暗棕褐色。尾青褐色，背腹毛色基本一致，部分标本尾末端白色。

【身体度量】体重400～500g，头体长236～285mm，尾长249～292mm，后足长48～61mm，耳长32～36mm，颅全长52～58.5mm。

【生活习性】通常栖息于海拔1000～1600m的原始森林、次生林和灌木丛中。在岩石之间、倒树洞中，沿森林溪流和小路及树基部等处挖大的洞。夜行性。善攀爬，大多陆栖，白天在洞中活动。主要是植食性，吃种子、果实、竹笋、真菌和植物嫩叶等，也吃一些昆虫和陆生软体动物。一般每胎2～8仔。

【分　　布】国内分布于广西、西藏、贵州、安徽、云南、四川、江苏、广东、福建、湖南等地。国外分布于印度、印度尼西亚、老挝、马来西亚、缅甸、泰国、越南。

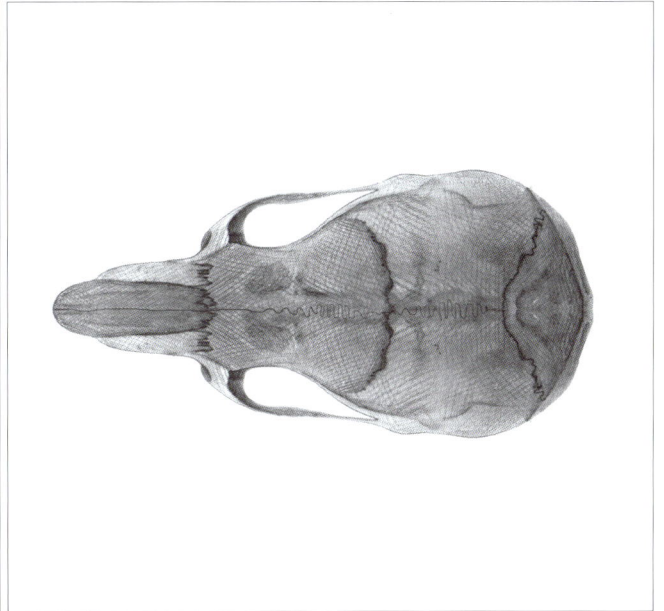

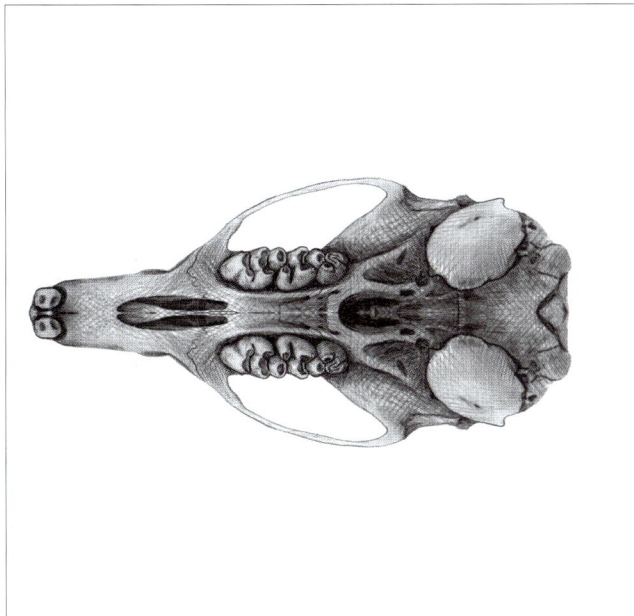

巢鼠 *Micromys minutus* (Pallas, 1771)

【英 文 名】Eurasian Harvest Mouse

【识别特征】头短圆。吻部很短。耳壳内有三角形的耳瓣，能将耳孔关闭。尾细长，多数接近头体长或长于体长，并有缠绕性。口鼻部及两眼间为棕黄色。头部至体背2/3～3/4处为棕褐色，毛尖黑色，毛基深灰色；背后端1/4～1/3臀部锈棕色。腹面污灰白色，毛尖白色。两颊、体侧和四肢外侧淡黄灰色。耳内外具棕黄色密毛。前足背面淡黄色，后足背面棕黄褐色。尾背面棕黑色，腹面污白色，尾毛不发达，尾尖端背面光裸。

【身体度量】体重5～7g，头体长55～68mm，尾长54～79mm，后足长14～16mm，耳长6～10mm，颅全长15.2～20mm。

【生活习性】栖息在高秆禾本植物田、稻田、竹林和其他杂草的地方。雄性家域面积接近400m²，雌性家域面积接近350m²。白天或夜间活动。常利用尾巴卷缠协助四肢在农作物上或枝条间攀爬觅食，偶尔也在浅水中游泳。吃种子、绿色植物和一些昆虫。繁殖季节来临时，用植物纤维精心编织球形的巢，悬挂在高茎秆上，巢距地面100～130cm，直径60～130mm。每胎5～9仔。

【分　　布】遍布中国，只要有适合其生存的草类就有其分布。分布横跨古北界。

卡氏小鼠 *Mus caroli* Bonhote, 1902

【英 文 名】Ryukyu Mouse

【识别特征】上门齿深橘黄色。尾等于或略短于头体长。背毛浅灰棕色，毛基灰色，毛尖棕色。腹部、颈腹部毛浅灰白色。前后足背面淡棕色。尾背面深棕色，腹面较淡。

【身体度量】体重11.5～19.5g，头体长60～95mm，尾长70～92mm，后足长15～19mm，耳长12～14mm，颅全长18～22mm。

【生活习性】一般栖息在稻田、草地、灌丛和次生林。筑巢在稻田岸上，洞穴简单，通常有两个洞口通入中间的洞室。洞口敞开，周围有新挖出的土堆成的小丘。主要在夜间活动，也可见它们在白天短暂地出洞活动。

【分　　布】国内分布于云南、贵州、广西、广东、福建、海南、香港、台湾。国外分布于越南、柬埔寨、老挝、泰国、马来西亚、日本、印度尼西亚。

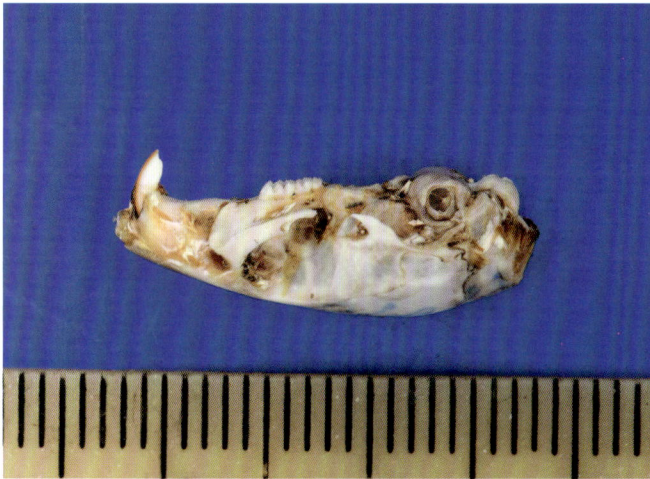

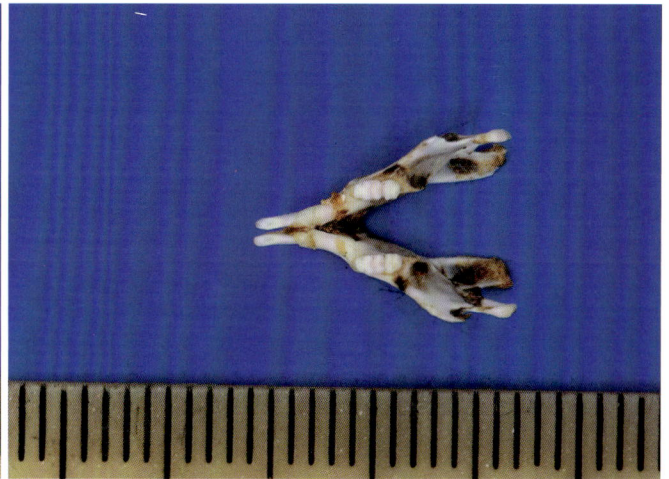

小家鼠 *Mus musculus* (Linnaeus, 1758)

【**英 文 名**】House Mouse

【**识别特征**】体型小。头颅小，呈长椭圆形。吻短。耳短，前折达不到眼部。尾长与头体长相当。毛色变化很大，背毛由灰褐色至黑灰色，腹毛由纯白色到灰黄色。体侧面毛背腹有时界限分明。前后足的背面为暗褐色或灰白色。尾部背腹明显两色，尾背毛颜色较腹毛深，有时背腹两色差异不明显。

【**身体度量**】体重12～20g，头体长50～100mm，尾长36～87mm，耳长10～15.5mm，后足长14～18mm，颅全长19～23mm。

【**生活习性**】广栖性鼠类，栖息于人类建筑物、荒地、农田及山野。生活于野外时，自行挖洞穴居，洞道结构相对简单。主要夜间活动，尤其上半夜活动频繁。杂食性，主要以植物性食物为主，尤其喜好各种粮食和油料种子，初春也啃食麦苗、树皮、蔬菜等，有时吃少量草籽及昆虫。通常全年繁殖，一年可产6～8胎，每胎4～8仔，最多可达14仔。

【**分　　布**】我国广布。全球广布。

锡金小鼠 *Mus Pahari* (Thomas, 1916)

【英 文 名】Gairdner's Shrewmouse

【识别特征】眼很小。耳短。颅骨吻部较长，超过左右上臼齿列的宽度，鼻骨狭长，后段约与前颌骨后端在同一水平线上。顶间骨窄。上门齿后缘具缺刻。门齿孔不达第一白齿基部前缘水平线，第一和第二上臼齿的第三横崎均有2齿突。背毛深蓝灰色，针毛多。腹毛银灰色。前后足背面白色。尾毛双色，背面深棕色，腹面白色。

【身体度量】体重21～24g，头体长88～103mm，尾长88～90mm，后足长21～23mm，耳长15～17mm，颅全长24～26mm。

【生活习性】喜欢栖息在山地草本植物茂密的地方。筑草巢，不挖洞。严格的夜行性，陆栖。主要以植物为食，也吃昆虫。

【分　　布】国内分布于西藏东南部、云南、四川南部、贵州、广西。国外分布于印度、缅甸、泰国、老挝、越南、柬埔寨。

北社鼠 *Niviventer confucianus* (Milne-Edwards, 1871)

【英 文 名】Confucian Niviventer

【识别特征】身体细长。尾长大于头体长。夏毛中刺状针毛较多，背毛棕褐色较深；冬毛中刺状针毛较少，背毛略显棕黄色。背毛柔软或为刺状毛，毛色从浅红棕色到暗淡的浅棕灰色。沿体侧有一亮赭色区。腹毛淡黄白色，明显区别于背毛。尾背面深棕色，腹面浅白色。

【身体度量】体重65～100g，头体长116～173mm，尾长154～255mm，后足长28～35mm，耳长21～25mm，颅全长31.5～38mm。

【生活习性】栖息在从原始森林到耕地的各种栖息地，主要栖息于丘陵树林、竹林、茅草丛、荆棘丛生的灌木丛或近田园、杂草间、山洞石隙、岩石缝和溪流水沟茅草中。善于攀爬，行动敏捷，多夜间活动。食性杂，喜食各种坚果、嫩叶或少量昆虫，也吃各种作物的种子和幼苗，还能攀高吃玉米棒、葵花籽、芝麻粒和棉籽等，还食树木种子，啃树木幼苗。每年可产3～4胎，以春末夏初繁殖最盛，每胎4～5仔。

【分　　布】国内分布于山东、河北、山西、陕西、甘肃、湖北、湖南、四川、云南、广东、广西、贵州、海南等地。国外分布于不丹、印度、尼泊尔、缅甸北部、泰国西北部、越南西北部。

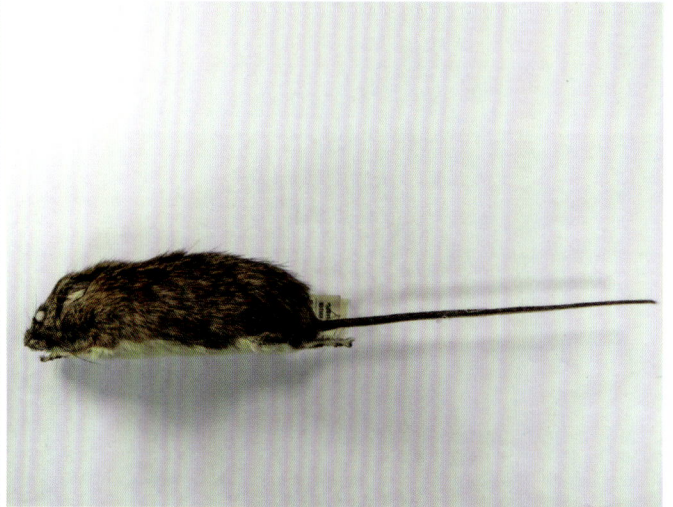

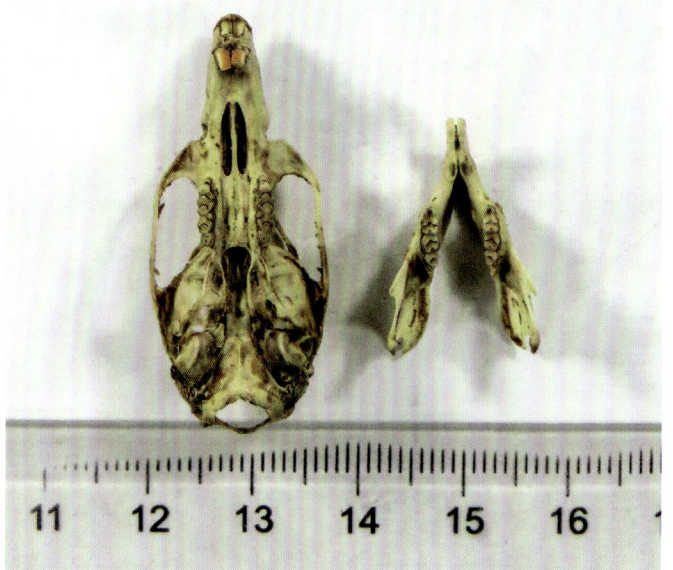

灰腹鼠 *Niviventer eha* (Wroughton, 1916)

【英 文 名】Little Himalayan Rat

【识别特征】尾较长（约为头体长的1.5倍），尾毛在尾梢明显加长，形成一个小毛刷。耳深棕色，在耳基前有一束显著的浅棕黑色毛簇。从眼眶扩展到触须部位隐约有棕色毛斑，但不延伸到鼻。背毛长，柔软和蓬松，颜色呈暗淡的浅棕黄色，体侧有点淡橘黄色。腹毛整体上呈浅灰白色或烟色，个别毛发的毛基灰色，毛尖暗灰白色。后足细长，背面深棕色，但趾浅棕白色。尾背面浅棕黑色，腹面稍淡。

【身体度量】体重 53～65g，头体长110～130mm，尾长150～190mm，后足长25～31mm，耳长16～22mm，颅全长29～33mm。

【生活习性】栖息在海拔2500～3300m处以针叶林和杜鹃林为主的凉爽、潮湿的温带森林。以植物果实、含淀粉的根茎和昆虫（尤其是幼虫）为食。

【分　　布】国内分布于西藏南部、云南、贵州。国外分布于印度、尼泊尔、缅甸北部。

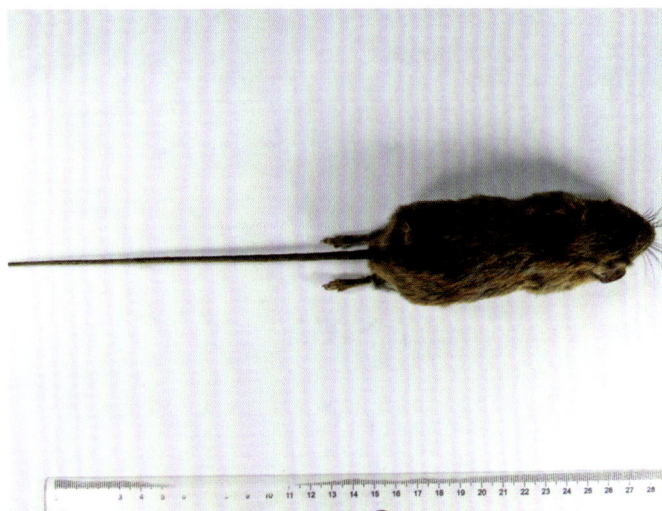

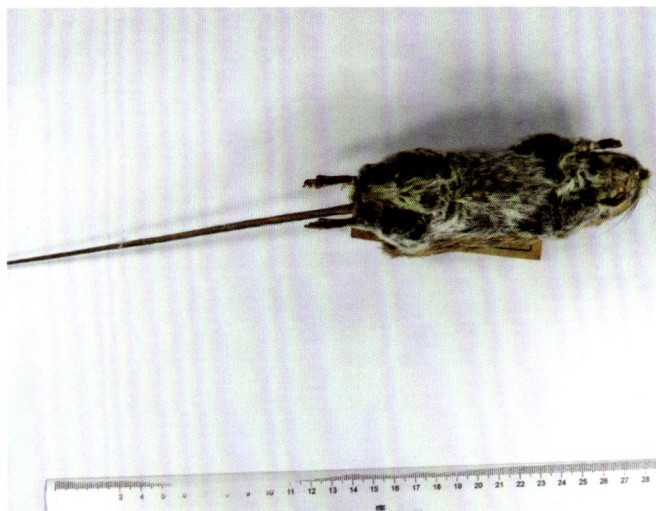

针毛鼠 *Niviventer fulvescens* (Gray, 1847)

【英文名】Chestnut White-bellied Rat

【识别特征】背毛棕色或棕黄色，背毛中有许多刺状针毛，针毛基部为白色，尖端为褐色，越靠近背部中央针毛越多。背腹交界处针毛较少，呈鲜艳的棕黄色。夏毛中背部刺毛较冬季为多，冬季背部棕黄色较深。腹毛白色。前后足背面亦为白色。个别个体有单一的棕色尾巴。

【身体度量】体重60～135g，头体长131～172mm，尾长160～221mm，后足长30～34mm，耳长17～23mm，颅全长32～40mm。

【生活习性】常见林地、灌丛鼠类，喜欢栖息在各种森林，也栖息在灌丛、竹林和接近森林的耕地。以夜间活动为主，性凶好斗，善攀爬喜跳跃，能在树上活动，跳枝穿隙觅食。食性杂，以植物为主，喜食野果、竹笋、桐果、茶果、栗子和榛子等，也经常潜入田间盗食稻谷、麦、花生及浆果（如番茄）等。在冬季食物缺乏时，也以野生植物根、叶和幼苗为食。在条件适宜的环境下，一年四季均可生殖，我国北方以6～7月怀孕率最高，中秋以后，怀孕率逐日下降。在南方几乎全年有繁殖，每胎1～7仔，通常4～6仔。

【分　　布】国内广布于南方。国外分布于巴基斯坦、印度尼西亚。

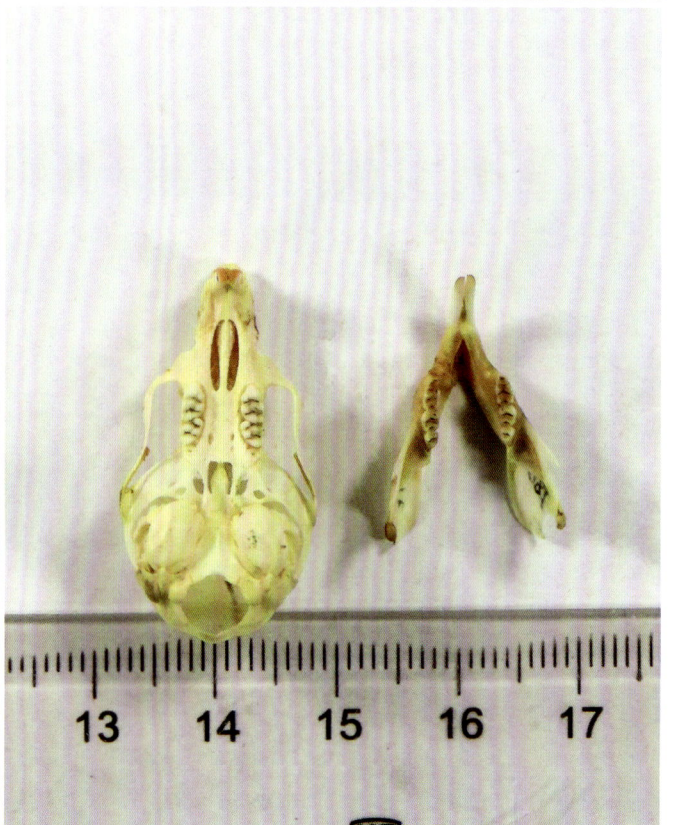

黑缘齿鼠 *Rattus andamanensis* **(Blyth, 1860)**

【英 文 名】Indochinese Forest Rat

【识别特征】身体细长。尾比头体长长很多。背毛为各种深浅的棕色，有淡棕色和黑色毛尖的混杂毛，沿着背中线有明显的黑色长针毛。腹毛奶白色或偶尔有毛基浅灰色的小斑点。足背面深棕色。尾一致的深棕色。

【身体度量】体重125～155g，头体长128～185mm，尾长172～222mm，后足长32～37mm，耳长20～25mm，颅全长40～43mm。

【生活习性】大多数常发现在林下灌丛、草丛等处，山林附近的耕地和房屋四周也可见。善攀爬树木，也有报道其在树上做窝栖息繁殖。主要为植食性，取食植物种子和茎叶，也捕捉昆虫。在南方多个季节均可繁殖。

【分　　布】国内主要分布于福建、广东、海南、广西、贵州、云南、西藏南部。国外分布于泰国、缅甸、印度尼西亚、印度东北部。

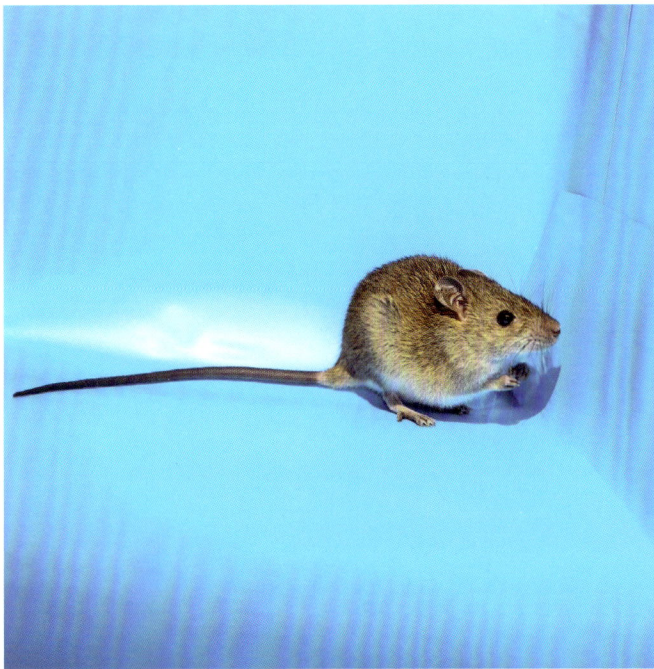

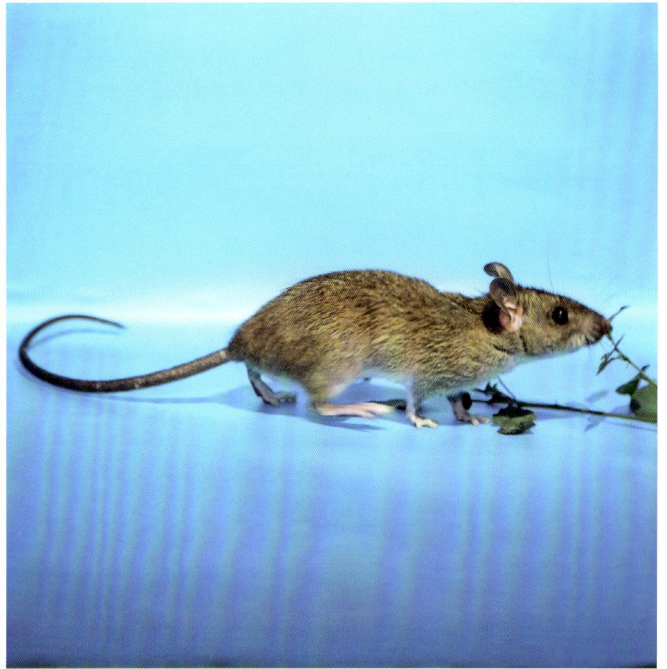

大足鼠 *Rattus nitidus* **(Hodgson, 1845)**

【英 文 名】Himalayan Field Rat

【识别特征】体型中等。外形似褐家鼠，但尾巴略超过头体长。毛被短而浓密。背毛有各种深浅的棕色，沿体侧变成偏淡灰色，逐渐混入单调的浅灰色腹毛中。前后足背面的毛有珍珠白光泽。尾棕色或下侧稍淡棕色。

【身体度量】体重114～136g，头体长145～190mm，尾长135～206mm，后足长32～36mm，耳长21～27mm，颅全长33～45mm。

【生活习性】偏好栖息在沿河溪地带有农耕干扰的自然栖息地，也很容易占据其他大中型鼠类数量不过多的农田和村庄。善游泳，主要在夜间活动。杂食性，对农作物为害较重。繁殖期3～11月，繁殖高峰在3～4月和8～9月。每年产2～3胎，每胎4～15仔，平均8仔。

【分　　布】国内分布于河北、陕西、甘肃、四川、云南、贵州、西藏、广东、海南，主要分布于长江流域及其以南各地。国外分布于不丹、印度、缅甸、尼泊尔、泰国、越南。

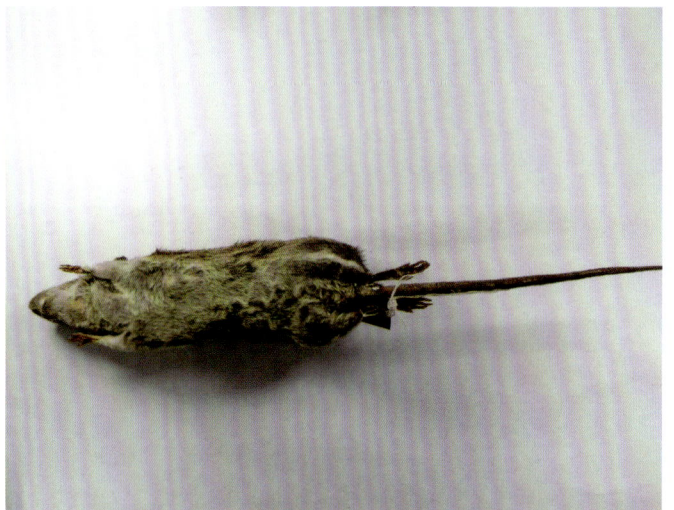

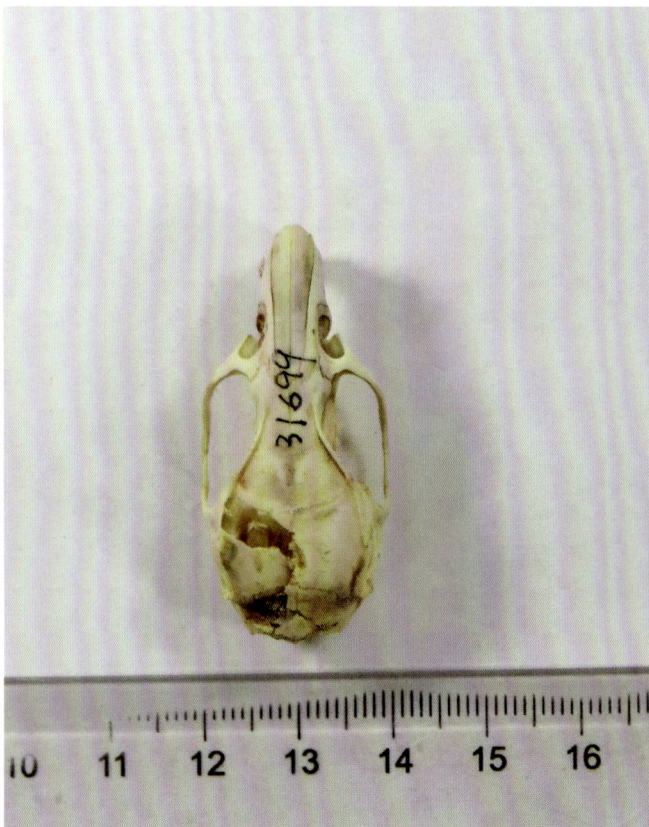

褐家鼠 *Rattus norvegicus* (Berkenhout, 1769)

【英 文 名】Brown Rat

【识别特征】体型大型，外形粗壮。耳短，前折不能达到眼后角。尾粗壮，且短于头体长。背毛有各种深浅的褐色，混杂有淡棕色和黑色毛尖的毛，沿体侧转淡一点，混入灰色腹毛中。前后足背面白色，有一种珍珠光泽，与大足鼠相似。尾背面深棕色，腹面浅灰白色。

【身体度量】体重230～500g（有的可达1kg），头体长205～260mm，后足长38～50mm，尾长190～250mm，耳长19～26mm，颅全长45～55mm。

【生活习性】广泛栖息于各种人类生产生活的环境中。不善攀爬，善游泳和潜水。通常夜间活动，傍晚到午夜间最活跃。杂食性，食植物种子、瓜果、蔬菜等，也捕食小型动物等。繁殖能力强，在大多地区可全年繁殖，每胎平均5～10仔。

【分　　布】最早分布于中国北部、俄罗斯西伯利亚东南部、日本，如今已遍布全球。

拟家鼠 *Rattus pyctoris* (Hodgson, 1845)

【英文名】Himalayan Rat

【识别特征】尾几乎等于或略长于头体长，毛被粗密。背毛暗淡的浅灰棕色，沿体侧转淡，在胸部或喉部有时有毛基灰色的斑块。尾部背面深棕色，腹面浅棕色。后足背面暗白色，缺少像大足鼠和褐家鼠那样的珍珠光泽。

【身体度量】体重149～165g，头体长140～165mm，尾长135～178mm，后足长32～34mm，耳长20～25mm。

【生活习性】山地种类，一般栖息在海拔1200～4250m的林地、灌丛或田园，偶尔也会侵居于人房内。穴居，有贮藏食物习性。通常以植物果实、种子及绿色部分为食，有时也吃幼鸟和鸟卵。全年均能繁殖，野外一般每年产4胎，每胎2～13仔，8、9仔较常见。

【分　布】国内分布于云南、贵州、四川、西藏。国外分布于尼泊尔、印度东北部、巴基斯坦、阿富汗，并向西北延伸到哈萨克斯坦东南部和伊朗东北部。

黄胸鼠 *Rattus tanezumi* (Temminck, 1844)

【英 文 名】Oriental House Rat

【识别特征】体型中等。耳壳薄且大，前折可遮住眼睛。毛被短而粗。背毛有各种深浅的棕色；腹毛毛基灰色，毛尖米黄色，腹毛和背毛没有明显分界；喉和胸部中间呈棕黄色，有些个体呈褐色，比腹部其他部分颜色更深。足侧面和趾浅白色，但在中间有与众不同的暗灰棕色斑。尾略长于头体长，单一的棕色或沿体下侧接近基部的毛稍淡。雌鼠乳头6对。

【身体度量】体重76～140g，头体长105～215mm，尾长120～230mm，后足长26～35mm，耳长17～23mm，颅全长38～44mm。

【生活习性】常见家鼠之一，通常栖息在建筑物内，尤其是高层，亦能在列车、轮船等大型交通工具中栖息。部分个体也生活于野外。典型的夜行性鼠类，善攀爬和跳跃，能在粗糙的墙壁上、栋梁上或者沿着墙上管线攀缘爬行。杂食性，在野外主要以植物性食物为主，也取食鱼、昆虫、蜗牛等。繁殖力较强，在南方全年可繁殖，南岭以北的冬季减少繁殖。每胎一般产5～7仔，最多可达13仔。

【分　　布】国内广布于中国西南部、南部、中部。国外自然分布区为阿富汗、印度、朝鲜、泰国、印度尼西亚。

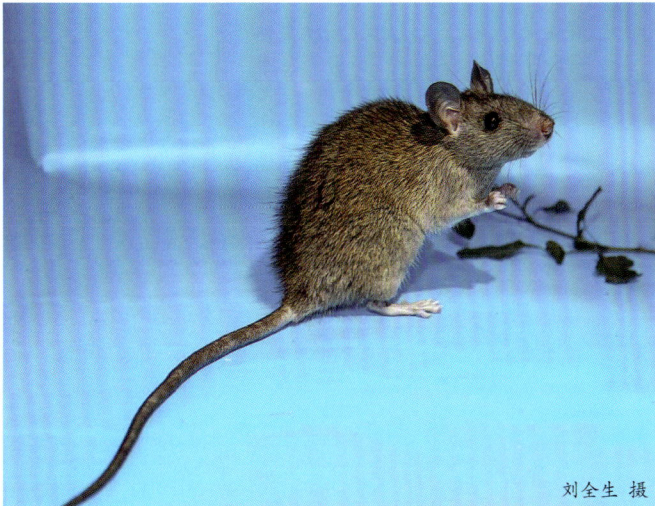

刘全生 摄

黄毛鼠 *Rattus losea* (Swinhoe, 1871)

【英 文 名】Losea Rat

【识别特征】身体细长。尾等于或略短于头体长。毛被柔软浓密。被毛有各种深浅的黄棕色，混杂有淡棕色和黑色毛尖的毛，背毛与腹毛没有明显分界线。鼠蹊部和颏下面经常为纯白色。前后足背面棕色。尾单一棕色或腹面有很淡的棕色。

【身体度量】体重100～150g，头体长120～185mm，尾长128～175mm，后足长24～32mm，耳长18～21mm，颅全长33～40mm。

【生活习性】主要栖息在海拔1000m以下的草地、灌丛、红树林、耕地等地方。陆栖穴居，但在湿地红树林地带也在树上营巢。具有一定的群居性。主要为植食性，是南方为害最大的农田害鼠。一年四季均可繁殖，一年可产多达6胎，通常每胎5～8仔。

【分   布】国内分布于长江以南地区。国外分布于柬埔寨、老挝、马来西亚、泰国、越南。

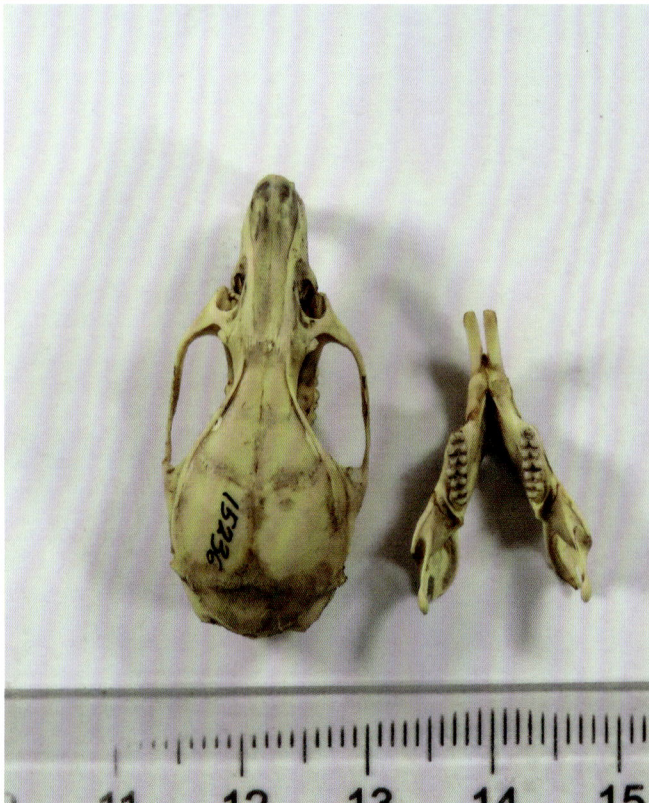

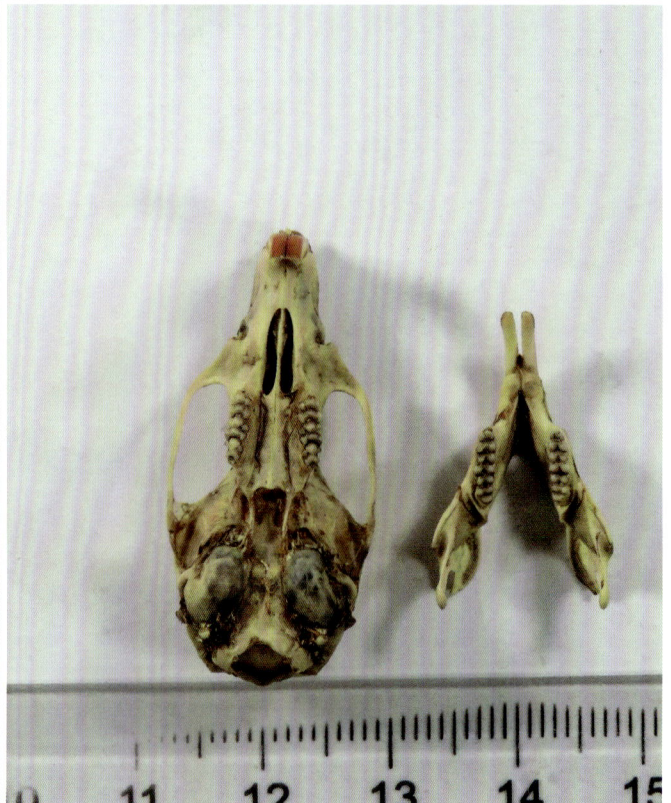

猪尾鼠科 Platacanthomyidae

猪尾鼠 *Typhlomys cinereus* (Milne-Edwards, 1877)

【英 文 名】Sort-furred Tree Mouse

【识别特征】耳大而薄，深褐色，耳廓内外无可见被毛。尾部特长，为头体长的1/3。背部毛暗黑灰色；腹面毛基色如背毛，毛尖白色。体背毛色一致，背腹毛色界限明显。尾部背腹面同为深褐色，尾基部鳞片裸露，有清晰的环纹，尾毛自尾基部1/3处往后逐渐增长且密集，并向四周散开，形成瓶刷状的端刷，尾毛白色。

【身体度量】体重17～32g，头体长67～120mm，尾长90～140mm。

【生活习性】栖息在海拔1000m左右的阔叶林或灌丛中的岩石、石缝。以植物的茎、叶、种子为食。

【分　　布】国内分布于陕西、甘肃东南部、四川西部、湖北西南部、云南西南部、贵州、重庆、广西、广东、湖南西部、福建、江西、浙江西部、安徽南部。国外分布于越南。

鼹型鼠科 Spalacidae

银星竹鼠 *Rhizomys pruinosus* (Blyth, 1851)

【英 文 名】Hoary Bamboo Rat

【识别特征】颅骨宽短，宽约为长的3/4。上门齿垂直着生。体被密而长的绒毛，背面皮毛浅棕灰色到巧克力棕色，背部点缀的针毛毛尖白色，形成灰白色的外表。腹面毛色较淡，粗毛也较为短少，且无白色针毛。前后足背面毛短，呈灰褐色，足底裸露。尾几乎无毛，呈灰褐色。

【身体度量】体重1.5～2.5kg，头体长240～345mm，尾长90～130mm，后足长40～50mm，耳长13～20mm，颅全长56～71mm。

【生活习性】一般生活在低海拔的有竹林或大片芒草的地方。当与中华竹鼠分布重叠时，银星竹鼠通常生活在海拔1000m以下，中华竹鼠则在海拔较高地带。单独生活在一个相对简易的洞中，有一个出入洞口、一个土丘、隧道、巢、排泄所和逃避捕食者的洞口。巢中垫有草和竹叶。夜间出去觅食，主要吃竹根、竹茎及芸草，偶尔也吃其他植物的根。全年都可繁殖，繁殖高峰是3～6月和11～12月，繁殖时雄性迁到雌性的洞系，妊娠期22天，每胎产1～5只晚成幼崽，一般为2～3仔，产后56～78天断奶。

【分　　布】遍及我国长江以南地区。国外分布于印度东北部、缅甸东部、泰国、老挝、柬埔寨、越南、马来西亚。

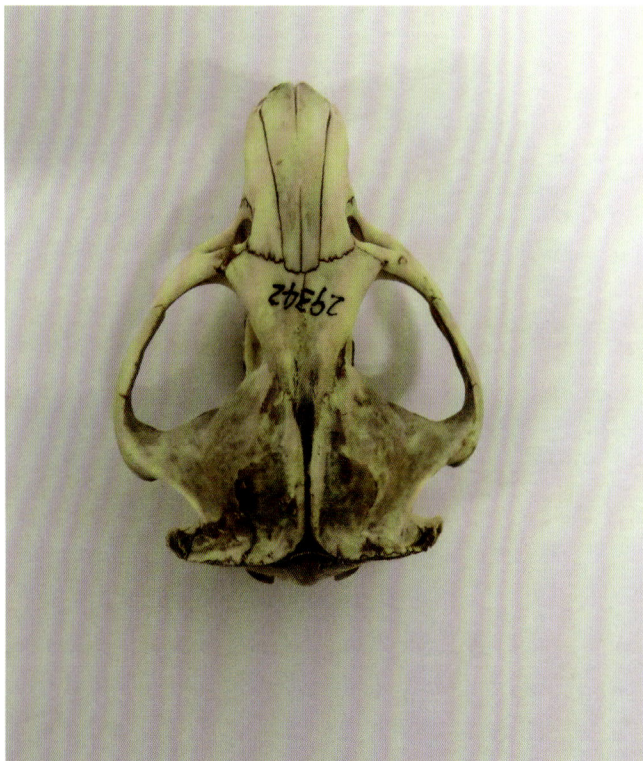

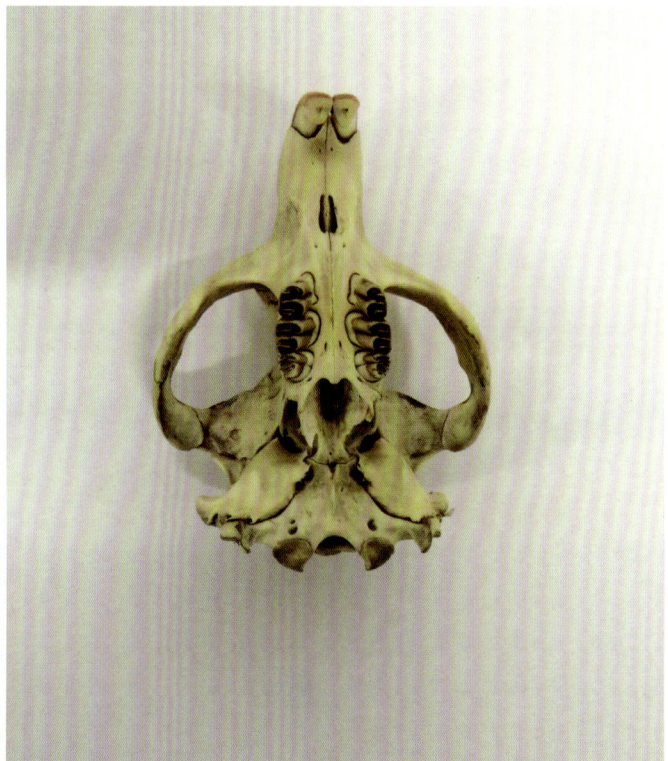

中华竹鼠 *Rhizomys sinensis* (Gray, 1831)

【英 文 名】Chinese Bamboo Rat

【识别特征】体肥肢短。头圆而大。颈短。眼小。耳壳短圆，被毛遮盖。尾短小且几乎无毛。前后足的爪坚硬。额和面侧颜色较深。体毛密厚柔软，毛基灰色，毛尖发亮，呈淡灰褐色、粉红褐色或粉红灰色。腹毛稀少，腹面颜色较背面淡。足呈橄榄褐色。

【身体度量】体重1.87～1.95kg，头体长216～380mm，尾长50～96mm，后足长38～60mm，耳长15～19mm，颅全长58～87mm。

【生活习性】一般生活在高海拔竹林，也可生活在松林。在松软的土壤上挖洞，单独居住（交配时例外）。每一个家域有4～7个用浮土堵塞洞口的土丘作为标记，每一个土丘直径为50～80cm，高20～140cm。洞穴长可延伸45m，距地表深20～30cm。窝（直径20～25cm）内垫以竹叶，所有洞系有一个逃生通道。大多数洞利用约一年，此后因为食物资源消耗而转移到一个新的地方。大多数在地面上觅食。主要食物是竹根和竹笋。所有季节均可繁殖，繁殖高峰在春季。每胎2～4仔，有时可多达8仔。幼崽出生时无毛，3月龄断奶。

【分　　布】遍及我国南部和西南部。国外分布于缅甸北部。

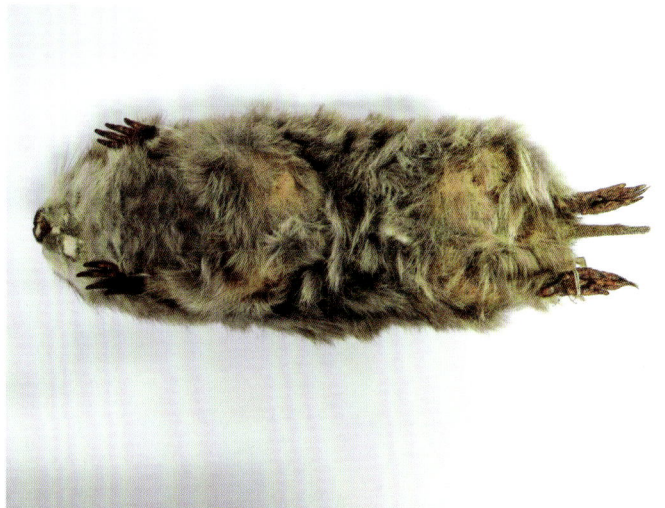

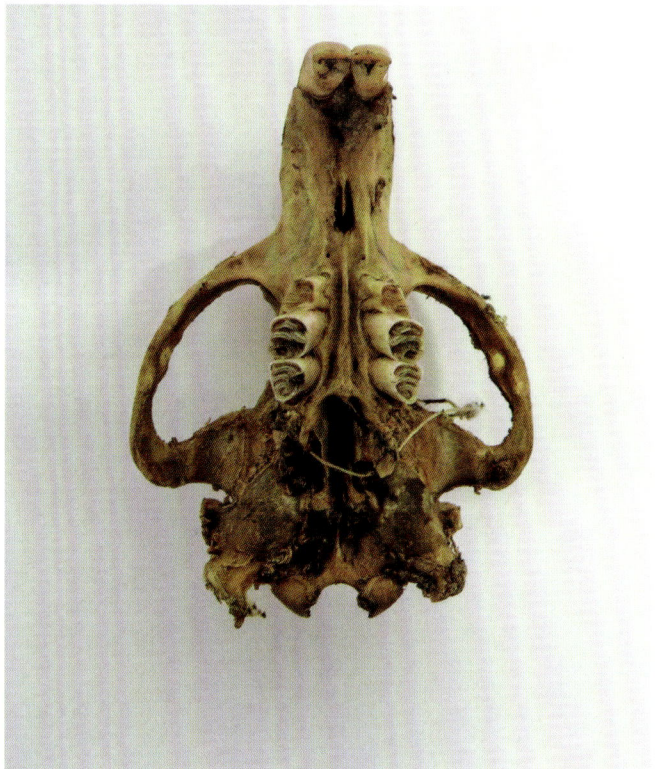

跳鼠科 Dipodidae

林跳鼠 *Eozapus setchuanus* (Pousargues, 1896)

【英 文 名】Chinese Jumping Mouse

【识别特征】体小型，后足长，尾长，毛稀疏。背部黄褐色，体背面有一暗色区域，从前额到身体后端向两侧扩展成鞍形；体侧色浅，为苍白的红棕色。腹部纯白色。前后足为白色。尾背面色深，腹面纯白色，尾尖白色。

【身体度量】体重15～20g，头体长70～100mm，尾长115～144mm，后足长26～31mm，耳长11～15mm，颅全长21～24mm。

【生活习性】栖息于高海拔山区林地溪畔，亦可见于山地灌丛、草原或草甸、云杉林。善跳跃，一次可跳两米远，长尾在奔逃时起平衡作用。夜间活动，有冬眠现象。无贮食习性。以浆果、种子、真菌和小型无脊椎动物为食。

【分　　布】中国特有种。分布于我国中部和西南部。

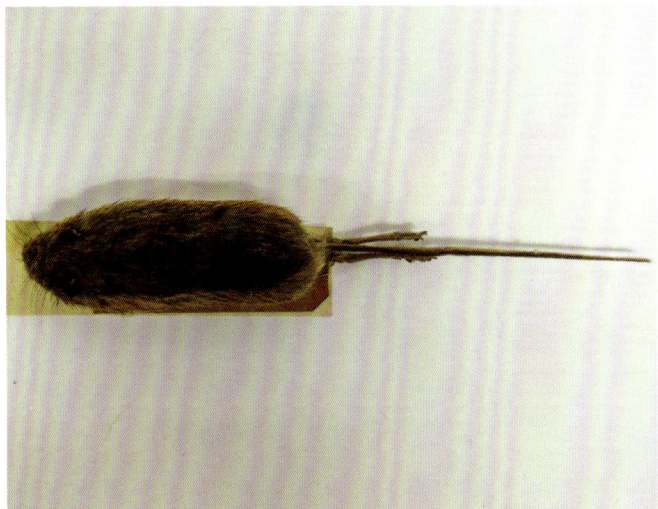

豪猪科 Hystricidae

帚尾豪猪 *Atherurus macrourus* (Linnaeus, 1758)

【英文名】Asiatic Brush-tailed Porcupine

【识别特征】四肢粗壮。耳廓短。头小。眼小。全身几乎都被有带沟的扁刺。颈项无髭毛。尾覆以鳞状短刺，端部由硬刺形成端丛，棘的后部具有很多珠串状的球节；背面的棘刺扁，上面有沟；腹部的棘刺柔软纤细。

【身体度量】体重1.0～4.3kg，头体长360～600mm，尾长140～200mm。

【生活习性】栖息在茂密的森林中，偏爱多岩石的地方。一般地栖，偶尔爬树。筑洞或占洞，洞可相连，可容3个个体。夜行性。以根、块茎和绿色植物为食。妊娠期100～110天，每年产2胎，每胎1～2仔。

【分　　布】国内分布于中部和南部。国外分布于缅甸、泰国、老挝、越南、柬埔寨、马来西亚、印度尼西亚苏门答腊岛、印度阿萨姆邦、孟加拉国。

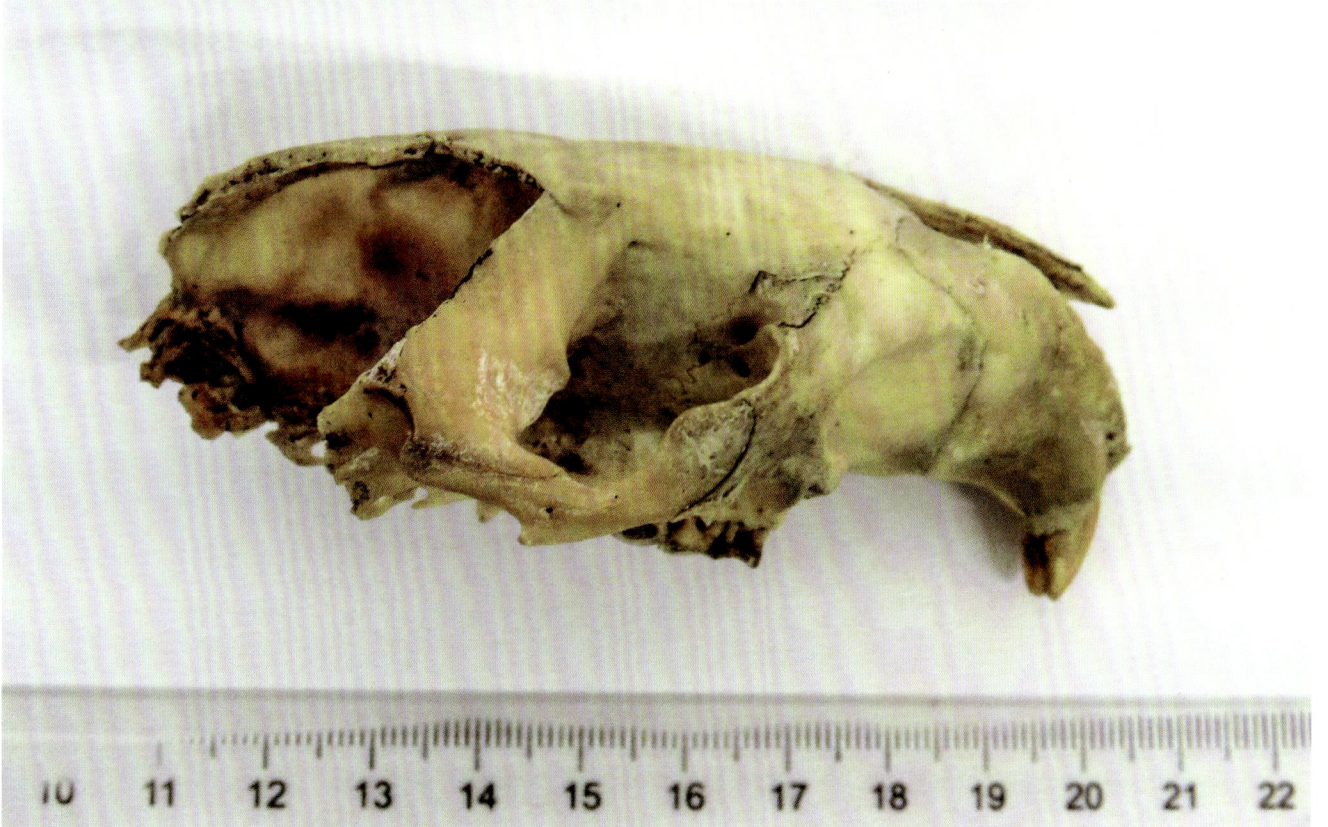

中国豪猪 *Hystrix hodgsoni* (Gray, 1847)

【英 文 名】Chinese Porcupine

【识别特征】体型较帚尾豪猪大而粗壮。尾短，短于11cm。身体背面部分被棕色的长棘，其中背部的棘刺特别长，部分可长达200mm，直径6mm。头部和颈部有细长、直生而向后弯曲的鬃毛，背部、臀部和尾部着生粗而直的黑棕色和白色相间的纺锤形棘刺，棘刺中空，由体毛特化而成，容易脱落，有的尖端还生有倒向的钩子，非常坚硬而锐利，体侧和胸部有扁平的棘刺。

【身体度量】体重10～15kg，头体长570～650mm，尾长60～100mm。

【生活习性】栖息于热带和亚热带的森林，以及森林附近的开阔地带、草原、山坡、草地或密林中。白天躲在洞里睡大觉，晚上出来找食物吃，并常有一定路线。以各种植物的根、鳞茎、水果和浆果为食，最喜食瓜果、蔬菜、芭蕉苗和其他农作物。

【分　　布】国内广泛分布于陕西、西藏、四川、重庆、湖北、安徽、江苏、上海、浙江、福建、江西、湖南、贵州、云南、广西、广东、海南、甘肃、河南。国外广泛分布于尼泊尔、印度、孟加拉国、缅甸、泰国。

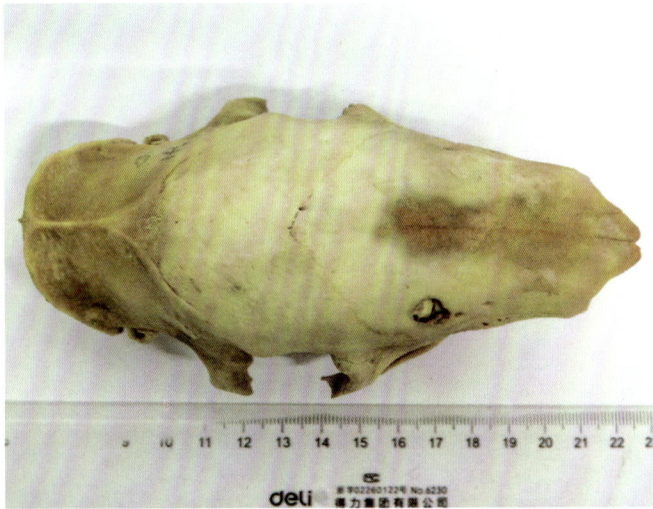

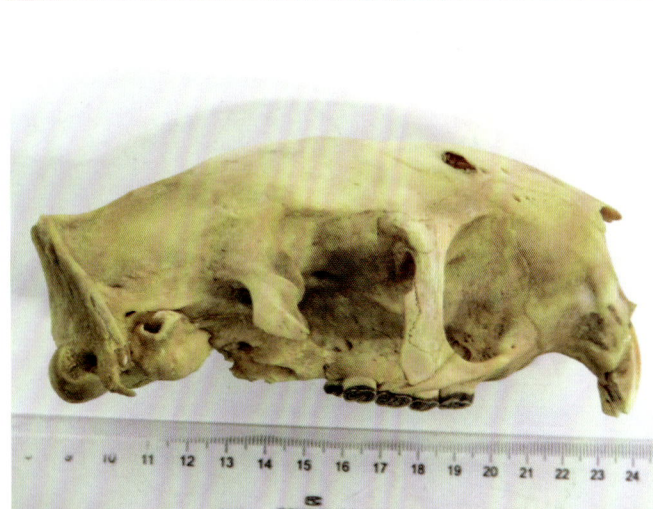

兔形目 LAGOMORPHA

兔科 Leporidae

云南兔 *Lepus comus* (Allen, 1927)

【英 文 名】Yunnan Hare

【识别特征】吻部粗短。额部低平。背部暗灰色，腰臀部有黑色针毛。腹面除颏喉部位赭黄色以外，其余部位为白色。体侧和前后肢为鲜赭黄色。尾背黑赭色，尾下灰白色。

【身体度量】体重1.5～2.5kg，头体长330～480mm，尾长65～110mm。

【生活习性】栖息于海拔1000～2500m的低山丘陵，山间盆地、林缘灌丛及草丛。穴居。白天隐于洞内，夜间活动。

以青草、野菜的嫩枝、嫩叶等为食。每年产1～3胎，每胎2～6仔。

【分　　布】国内分布于云南、贵州、四川、广西等地。国外分布于缅甸东部。

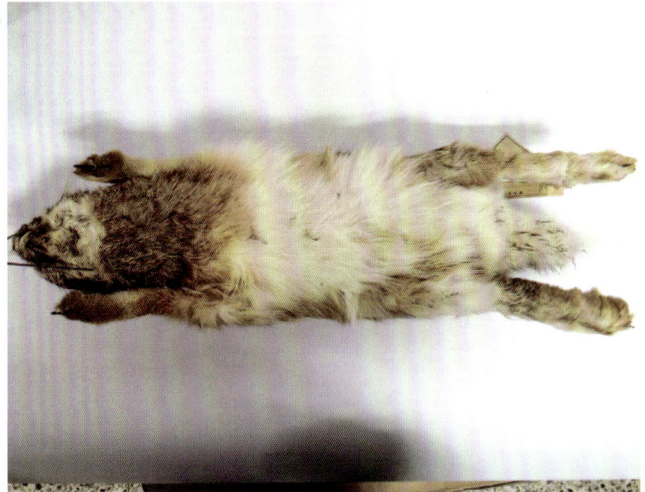

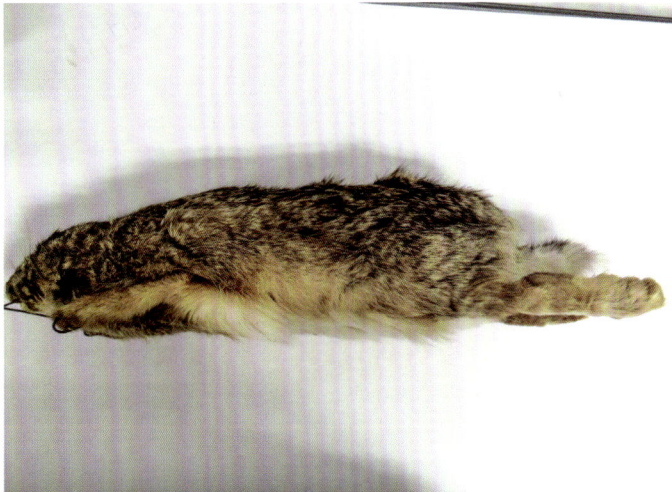

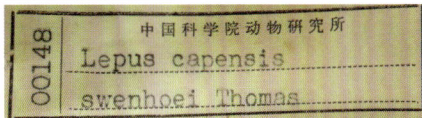

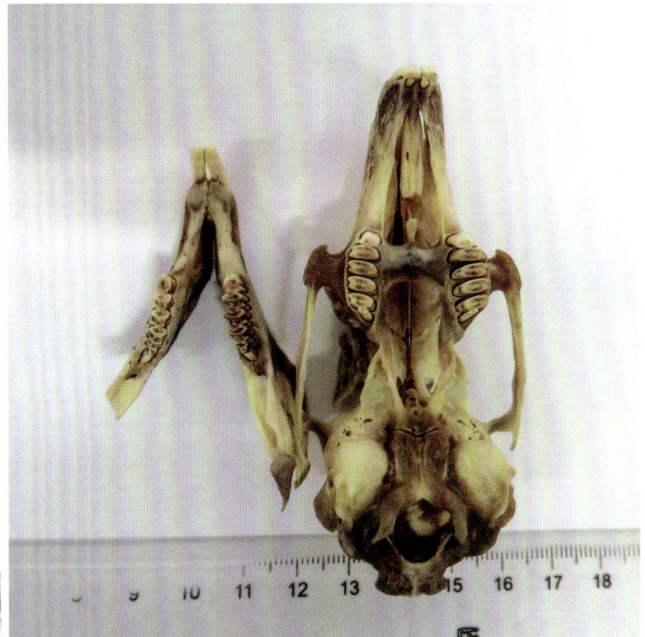

华南兔 *Lepus sinensis* (Gray, 1832)

【英文名】Chinese Hare

【识别特征】被毛粗硬。体背中部至臀部毛较粗长，由于黑色毛尖较长，故毛色较暗黑。体侧由于黑毛较少，呈浅黄色。身体腹面颏部为淡黄色。颈下为棕黄色，腹部和四肢内侧白色或稍有黄色，四肢外侧棕黄色。尾背面棕褐色，中央毛色较黑，尾腹面淡黄色。

【身体度量】体重1.5～1.9kg，头体长340～470mm，尾长20～70mm。

【生活习性】栖息在中山或低山的浅草坡、灌丛、林缘或农田。白天隐藏于草丛、灌丛或浅洞中，夜间活动。食物以植物的绿色部分为主。

【分　　布】中国特有种。国内分布于江苏、浙江、安徽、江西、湖南、湖北、福建、广东、广西、贵州、四川、台湾等地。

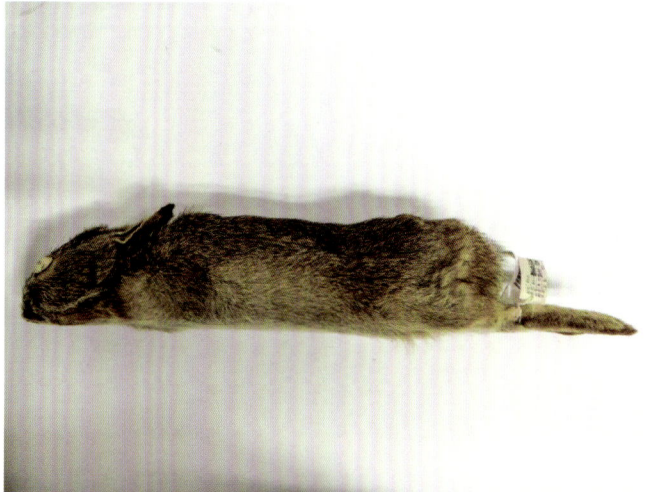

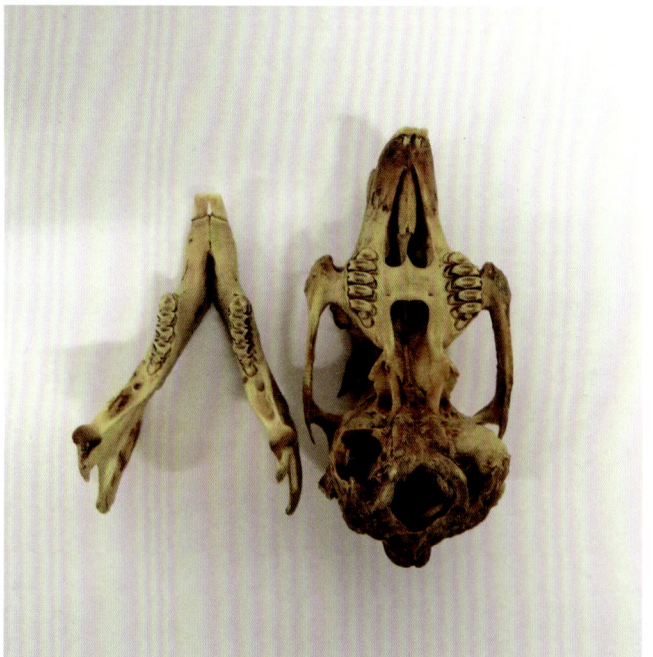

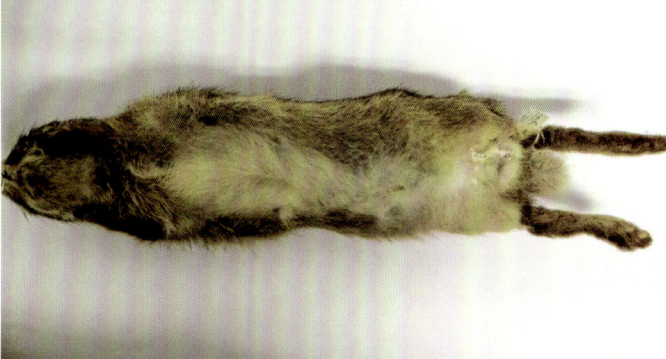

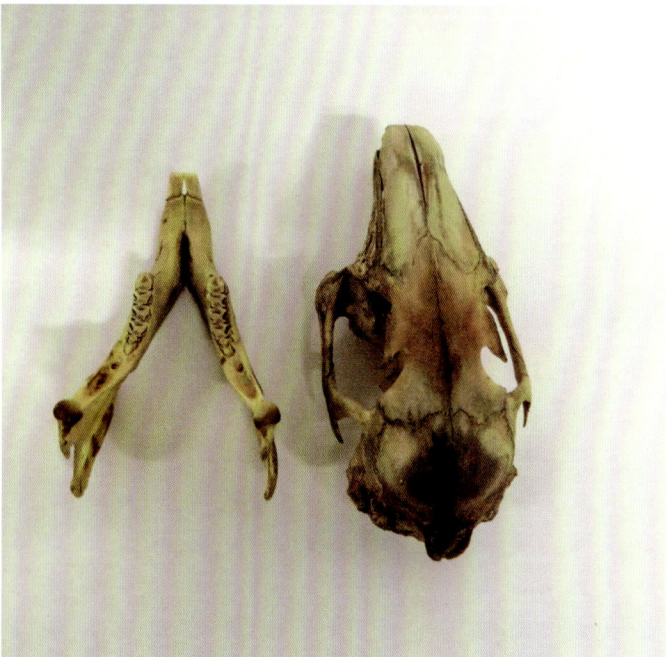

主要参考文献

程承, 葛德燕, 夏霖, 周材权, 杨奇森. 2012. 中国"草兔"头骨的形态计量学研究. 兽类学报, 32(4): 275-286.

高共, 王升文. 2012. 中国鼠疫宿主动物及其防制. 兰州: 甘肃科学技术出版社.

郭微, 黎道洪, 邓实群. 2005. 贵州师范大学洞穴动物标本室标本名录及其分布. 贵州师范大学学报(自然科学版), 23(1): 28-35.

蒋志刚, 马勇, 吴毅, 王应祥, 周开亚, 刘少英, 冯祚建. 2015. 中国哺乳动物多样性及地理分布. 北京: 科学出版社.

兰洪波, 冉景丞, 蒙惠理, 徐获, 邓碧林, 赵月. 2009a. 茂兰自然保护区药用兽类资源现状与对策. 贵州农业科学, 37(6): 156-157.

兰洪波, 冉景丞, 蒙惠理, 玉屏, 徐获, 邓碧林. 2009b. 茂兰自然保护区生物物种多样性及其保护. 山地农业生物学报, 28(2): 119-125.

刘志霄, 张佑祥, 张礼标. 2013. 中国翼手目动物区系分类与分布研究进展、趋势与前景. 动物学研究, 34(6): 687-693.

罗蓉, 谢家骅, 辜永河, 黎道洪. 1993. 贵州兽类志. 贵阳: 贵州科技出版社.

蒙惠理, 兰洪波. 2010. 茂兰自然保护区野生动植物资源现状及保护对策. 黔南民族师范学院学报, 30(3): 54-56, 64.

潘清华, 王应祥, 岩崑. 2007. 中国哺乳动物彩色图鉴. 北京: 中国林业出版社.

冉景丞. 1993. 茂兰喀斯特林区兽类, 喀斯特森林生态研究(Ⅰ). 贵阳: 贵州科技出版社: 102-106.

杨天友. 2016. 贵州省翼手类名录修订. 生物多样性, 24(8): 957-962.

杨天友, 侯秀发, 谷晓明, 周江. 2012. 贵州省果树蹄蝠的分类记述. 四川动物, 31(4): 570-573.

杨天友, 侯秀发, 王应祥, 周江. 2014. 中国南方喀斯特荔波世界自然遗产地翼手目物种多样性与保护现状. 生物多样性, 22(3): 385-391.

汪松. 1998. 中国濒危动物红皮书 兽类. 北京: 科学出版社.

王晓云, 张秋萍, 郭伟健, 李锋, 陈柏承, 徐忠鲜, 王英永, 吴毅, 余文华. 2016. 水甫管鼻蝠在模式产地外的发现——广东和江西省新纪录. 兽类学报, 36(1): 118-122.

王应祥. 2003. 中国哺乳动物种与亚种分类名录与分布大全. 北京: 中国林业出版社.

张荣祖. 1997. 中国哺乳动物分布图. 北京: 中国林业出版社.

张荣祖. 1999. 中国动物地理. 北京: 科学出版社.

郑生武, 宋世英. 2010. 秦岭兽类志. 北京: 中国林业出版社.

周江, 杨天友. 2012. 贵州省鼠耳蝠属一新纪录——狭耳鼠耳蝠. 四川动物, 31(1): 120-122.

周昭敏. 2009. 中国菊头蝠科的系统分类及形态功能学研究. 中国科学院昆明动物研究所博士学位论文.

周政贤. 1987. 茂兰喀斯特森林科学考察集. 贵阳: 贵州人民出版社: 311-313.

Smith A T, 解焱. 2009. 中国兽类野外手. 长沙: 湖南教育出版社.

Wilson D E, Reeder D M. 2005. Mammal Species of the World. Baltimore: Johns Hopkins University Press: 312-530.

中文名索引

拉丁名索引

英文名索引

致 谢

本书是贵州茂兰国家级自然保护区设立的专项调查课题的总结。野外调查工作于2016年6月启动至12月结束，调查人员前后四次赴该保护区调研。内业工作包括数据和影像资料的分析、调查报告的撰写，以及本书的组织编写工作。野外工作得到贵州茂兰国家级自然保护区领导、五个管理站职工的大力支持和参与。参加野外调查工作的还有广州大学王晓云、黎舫；广东省生物资源应用研究所陈毅；贵州茂兰国家级自然保护区调查人员：吴夕、刘少红、姚东日、吴光进、覃红举、吴秀锋、覃汉周、何荣伟、覃汉基、姚学炯、姚永泉。在此深表感谢。同时还感谢科学出版社的编辑非常认真的校稿。

贵州茂兰国家级自然保护区
野外工作实录

第一阶段　前　期　调　研

前期调研部分队员合影

世界自然遗产和"人与生物圈"标志

前期实地调研

水资源丰富的喀斯特盆地之一

水资源丰富的喀斯特盆地之二

贵州省文物保护单位——黎明关

黎明关古道——历史上连接贵州与广西的交通要道

黔桂古道

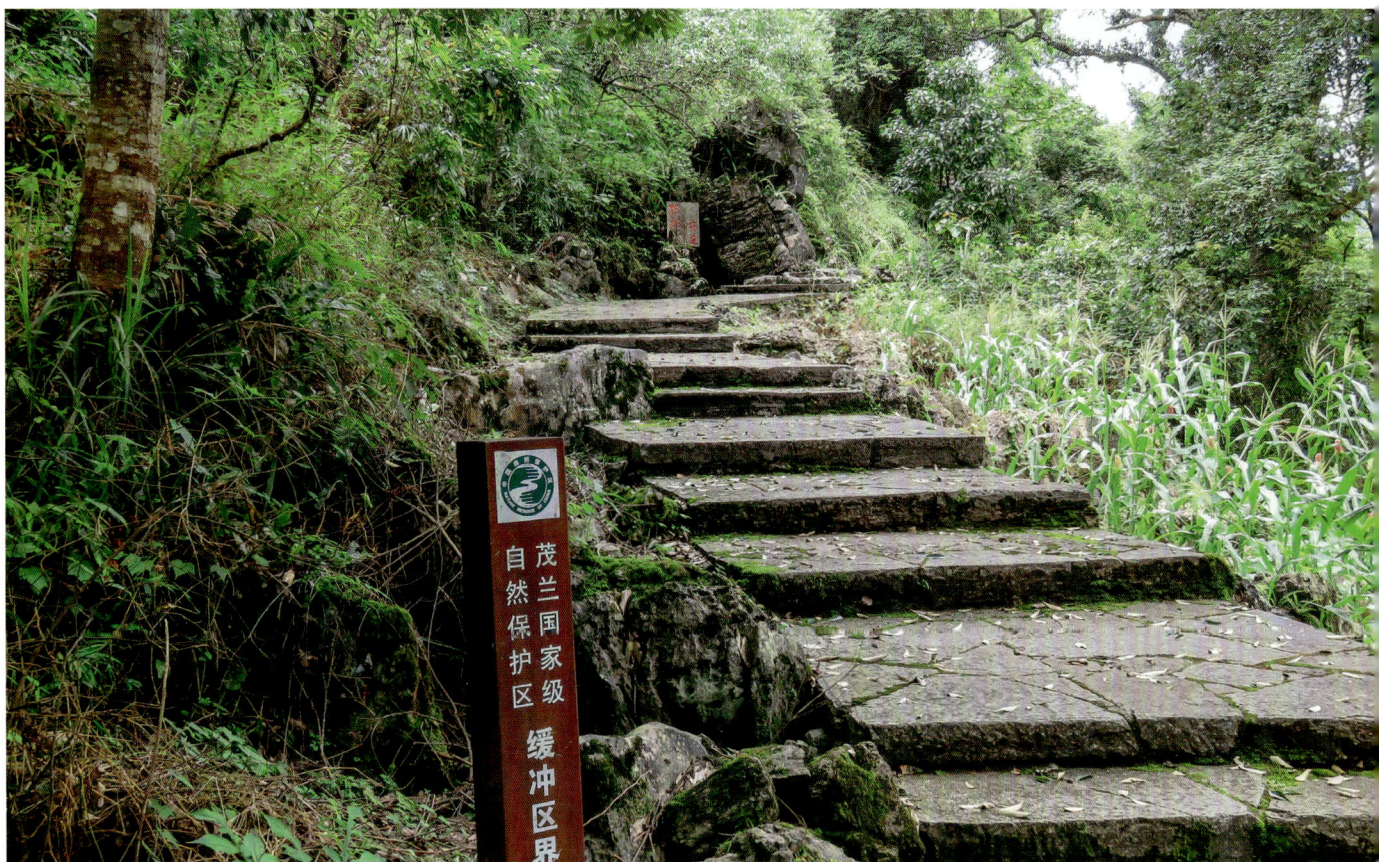

铺着青石板的古道在茂兰保护区的缓冲区内，依然有人常来常往

黎明关简介

黎明关，位于贵州省荔波县洞塘乡板寨村，由黎明关和2公里古道二部分组成，关扼要冲，是昔日商旅要道，历来兵家必争之地，现存建筑，修建于清中晚期。

1930年4月，红七军军长张云逸率第二纵队1500多名官兵，由广西经黎明关进入贵州境内，驻扎于关下村寨。稍后，与第一纵队会师于板寨。红七军是第一支进入贵州进行革命活动的红军部队，活动期间，多形式的宣传革命思想，为红军再度进入贵州活动，奠定了广泛的群众基础。

1944年11月，日军第3师团步兵第34联队2000多人，由广西进犯贵州，抵黎明关。国民革命军97军199师587团1800多名将士，在爱国民众的支持下，英勇抗击日寇，据关打响了贵州爱国军民抗击日寇的第一枪，昭示中华民族同仇敌忾的凝聚力。

1951年元月，中国人民解放军46师138团，夺取黎明关等要冲，截断匪徒逃跑贵州南部我区匪巢之路，取得剿匪全胜的辉煌战绩。

2005年6月，贵州省人民政府因黎明关具有突出的历史、艺术和科

在抗日战争中军民联合抵御日寇入侵的丰碑

黎明关大捷纪实

营盘坡碑记

营盘坡，位于板寨村南五圩寨旁，乃旧时荔波边关门户之要地，闻名遐迩黔桂古驿道从此坡脚经过，彼时商贾旅人南来北往络绎不绝，时有驻足投宿边贸集市五圩驿站。营盘坡因清代、民间在此坡驻兵设哨故而得名，今半坡尚存民国初驻军坟茔墓碑。当年国军阻击日军的战壕遗迹残存。营盘坡历经沧桑，人文可鉴。

1930年4月16日，中国工农红军第七军军长张云逸率军部及二纵队1500余众开进板寨，红军队伍驻扎五圩寨，在营盘坡布防设哨。

1944年11月25日，由桂入侵的日军第3师团步兵第34联队2000余人进犯黎明关，国军第97军199师587团团长周中率部1800余官兵奋力阻击侵黔日军，团军总司令杨森，令其所部杨汉域之20军赴板寨增打响贵州抗战第一枪！

同日，战事告急，国军第9战区副司令兼第27集援抗敌。日军亦增援工兵第3联队、步兵第68联队，黎明关之战敌约八千。27日下午15时敌攻入关。国军撤退至营盘坡阻击日军疯狂进攻，双方激战喋血坝前，日军伤亡惨重，国军受损。敌炮火强攻，国军撤退，营盘坡失守。日军继犯洞塘、永康、朝阳、荔波县城。

12月1日凌晨，由桂开进之日军第3师团司令部人马进驻板寨酣战。是月，从黎明关进犯之日军亦由原路退出县境。日寇侵犯所到之处，烧杀掳掠，生灵涂炭。

1951年元月，中国人民解放军"铁壁合围"进剿盘踞荔波县境股匪于黎明关大激战，为防匪悬麟放军153团某班驻扎五圩寨，在此坡顶设哨值勤。

为弘扬历史，纪念抗战，县人民政府出资增制营盘坡抗战纪念地设施。贵州省人民政府原副省长吴嘉甫先生题写"营盘坡抗战纪念亭"亭名。为昭史启后，兹勒碑记。

荔波县人民政府
二〇一六年二月一日

距黎明关不远的营盘寨纪念碑记录着重要的历史

中共一大代表邓恩铭走出大山之路

远眺茂兰保护区核心区

第二阶段 翁昂管理站、洞塘管理站野外工作

入住翁昂管理站

野外调查出发前的准备

红外相机布设地点选择

红外相机布设

红外相机调试

GPS 定位

记录红外相机位点

记录样线数据

发现野猪卧迹

发现动物粪便之一

发现动物粪便之二

野蜂

样线上的黑斑蛙

样线上的动物粪便

样线上的毒蛇

村民报告的黑熊痕迹

查看村民报告的黑熊痕迹

棕背伯劳

凤蝶聚会

掌叶木

降龙草

村民种植的蓝靛植物

村民染布的染池

薜荔果

薛荔果内部结构

玉簪

星毛金锦香

忽地笑

巢蕨

样线调查

样线调查

样线调查

GPS 定位动物痕迹并记录

穿越废弃的寨门

路过荒废的田地

跨越栏牛的栏杆

样线调查歇息中

保持水流的石山山顶

石山山顶平台

石山山顶平台的清澈溪水

核心区内贵州与广西的交界线

山中突降暴雨

在雨水和汗水中的辛苦与快乐

第三阶段 蝙蝠调查小组和啮齿动物调查小组
同时展开调查

蝙蝠调查

蝙蝠捕捉网的安装之一

蝙蝠捕捉网的安装之二

蝙蝠捕捉网的安装之三

蝙蝠捕捉网的检查

蝙蝠捕捉网的收网和转移

采集的蝙蝠标本之一

采集的蝙蝠标本之二

采集的蝙蝠标本之三

蝙蝠标本的制作之一

蝙蝠标本的制作之二

啮齿动物采集标本前的准备之一

啮齿动物采集标本前的准备之二

采集到的啮齿动物标本

啮齿动物标本制作之一

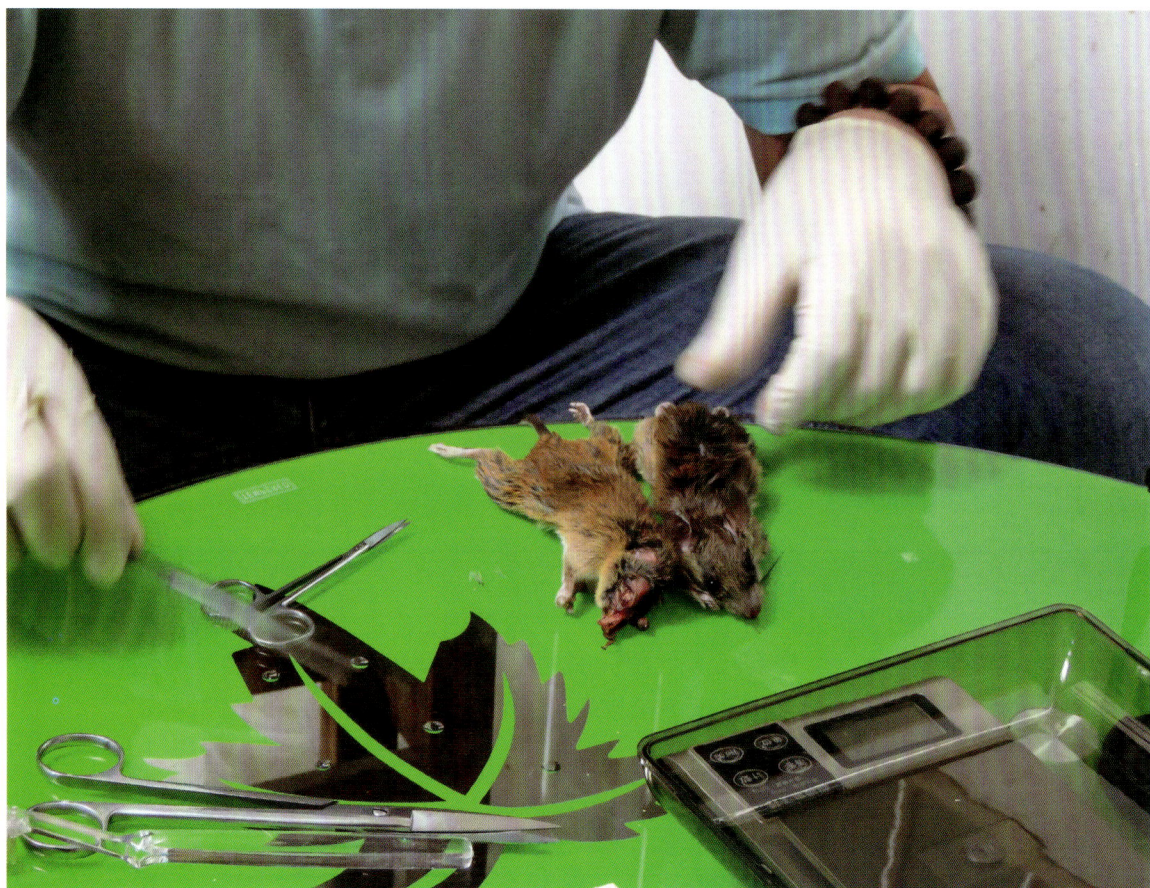

啮齿动物标本制作之二

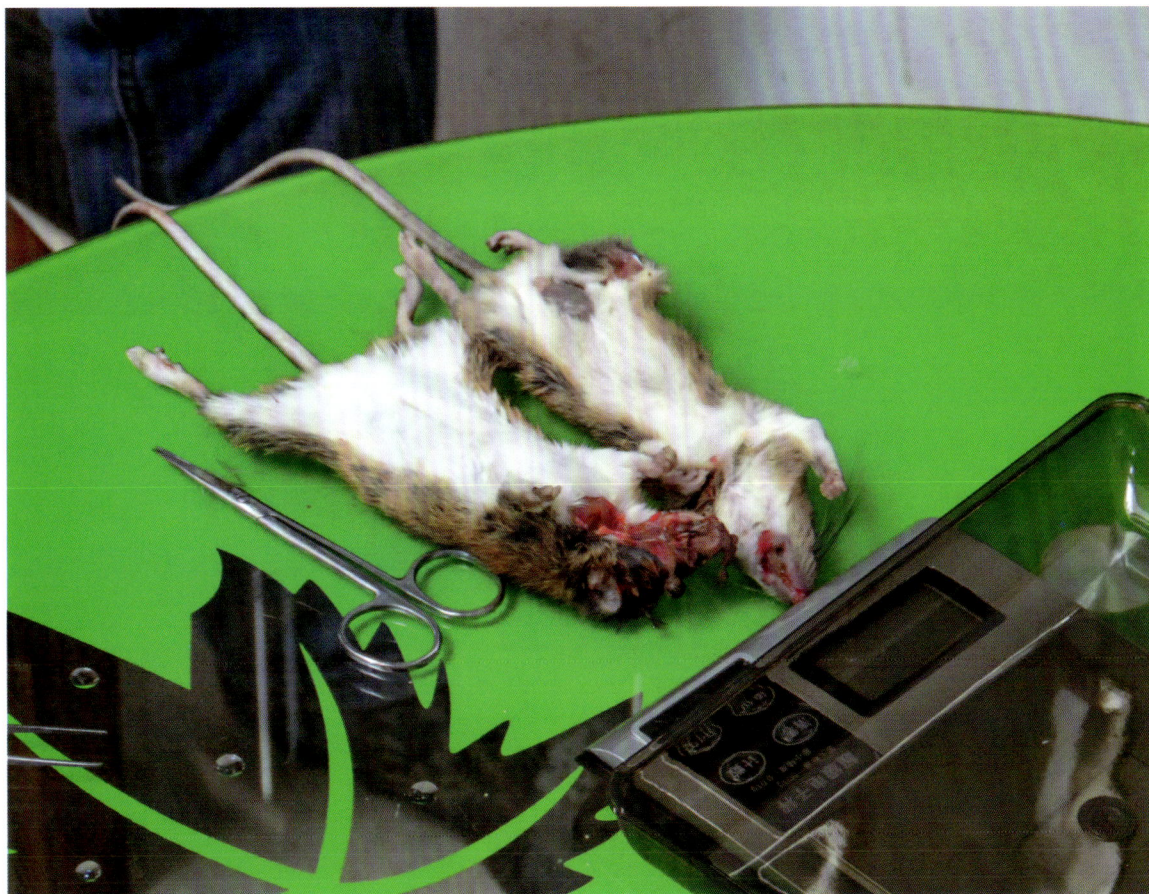

啮齿动物标本制作之三

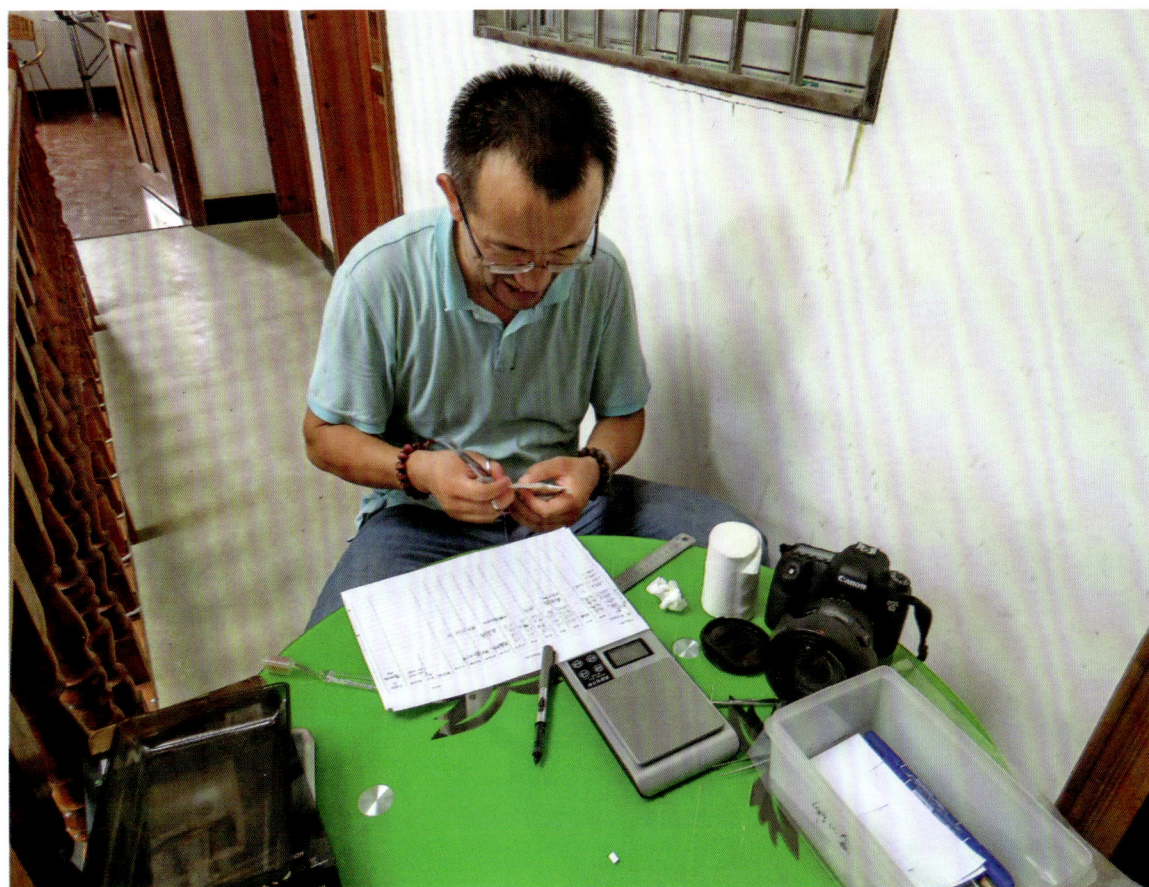

啮齿动物标本测量

三个小组调查人员会合

第四阶段 红外相机的数据和拍摄结果分析

数据和拍摄结果分析之一

数据和拍摄结果分析之二

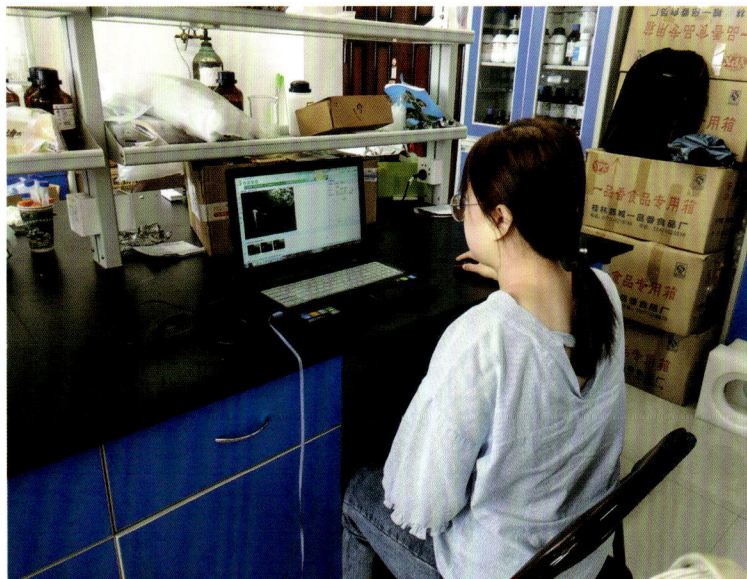
数据和拍摄结果分析之三

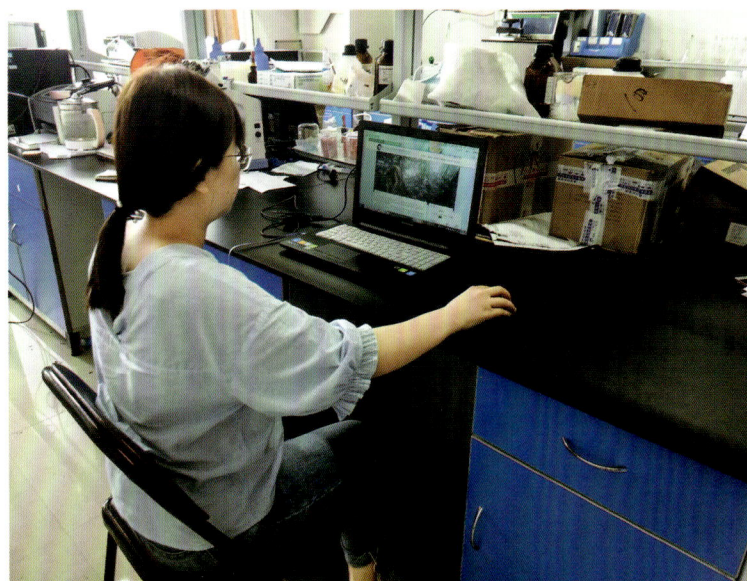
数据和拍摄结果分析之四